Dharmappa Kattepura Krishnappa

Inibidores da fosfolipase A2 como moléculas anti-inflamatórias

ScienciaScripts

Cover image: www.ingimage.com

This book is a translation from the original published under ISBN 978-3-659-86690-6.

Publisher:
Sciencia Scripts
is a trademark of
Dodo Books Indian Ocean Ltd. and OmniScriptum S.R.L publishing group

120 High Road, East Finchley, London, N2 9ED, United Kingdom
Str. Armeneasca 28/1, office 1, Chisinau MD-2012, Republic of Moldova, Europe
Managing Directors: Ieva Konstantinova, Victoria Ursu
info@omniscriptum.com

Printed at: see last page
ISBN: 978-620-8-56847-4

Dharmappa Kattepura Krishnappa

Inibidores da fosfolipase A2 como moléculas anti-inflamatórias

ÍNDICE

LISTA DE ABREVIATURAS 2
CAPÍTULO - I 7
CAPÍTULO - II 60
CAPÍTULO - III 74
CAPÍTULO - IV 98
CAPÍTULO - V 134
REFERÊNCIA 139

LISTA DE ABREVIATURAS

Å	Angstrom
ACS	Acute coronary syndrome
AD	Anno domini
Ahs	Acetylhydrolase
APS	Ammonium per sulphate
BC	Before Christ
BHA	Butylated hydroxy anisole
BEL	Bromoenol lactone
BSA	Bovine serum albumin
C	Complement
CA	Chlorogenic acid
Ca^{2+}	Calcium
cAMP	Cyclic adenosine mono phosphate
CHD	Coronary heart disease
cm	Centimeter
CM	Carboxy methyl
CD	Circular dichroism
^{o}C	Degree centigrade
cDNA	Complementary deoxyribose nucleic acid
COX	Cyclooxygenase
$cPLA_2$	cytosolic phospholipase A_2
cpm	Counts per minute
DAG	Diacylglycerol
Deg	Degree
DMSO	Dimethyl sulfoxide
DPPH·	Diphenyl picryl hydrazyl radical
E. coli	*Escherichia coli*
EC	Enzyme commission
EDTA	Ethylenediaminetetracetic acid

EGFR	Endothelial growth facotr receptor
FA	Ferulic acid
g	Gravitational field
GA	Gallic acid
gm	Gram
GSH	Glutathione
H_2SO_4	Sulphuric acid
HCl	Hydrochloric acid
HETE	Hydoxyeicosatetraenoic acid
His/Asp	Histidine/Aspartic acid
HPETE	Hydroperoxyeicosatetraenoic acid
HPF	Human pleural fluid
HPLC	High performance liquid chromatography
HSF	Human synovial fluid
h	Hour
IC_{50}	Inhibitory concentration producing 50% inhibition
i.e	That is
i.p	intraperitoneal
$iPLA_2$	Calcium independent phospholipase A_2
IR	Infra red
IL	Interleukin
kg	Kilogram
kDa	Kilo Dalton
LB	Liquid broth
LOX	Lipooxygenase
LPA	Lysophosphatidic acid
LP- PLA_2	Lipoprotein phospholipase A_2
LT	Leukotrienes
mA	Milliamperes
M	Molar

MDA	Malondialdehyde
MED	Minimum edematic dose
μl	Microlitre
μM	Micromolar
min	Minute
ml	Millilitre
mM	Millimolar
mm	Millimeter
mol	Mole
μCi	Microcurie
μg	Microgram
μmol	Micromole
mM	Millimole
mg	Milligram
ng	Nanogram
nmole	Nanomole
nM	Nanomolar
nm	Nanometer
N	Normal
NN-I-PLA_2	*Naja naja* phospholipase A_2
NaOH	Sodium hydroxide
NaH_2PO_4	Sodium dihydrogen phosphate
Na_2HPO_4	Disodium hydrogen phosphate
NaCl	Sodium chloride
NAGA	N-acetyl glucosamine
No	Number
NSAIDs	Non steroidal anti-inflammatory drugs
OD	Optical density
pH	Negative logarithm of hydrogen ion concentration
%	Percentage

PAF	Platelet activating factor
PAGE	Polyacrylamide gel electrophoresis
PBS	Phosphate buffered saline
PC	Phosphatidyl choline
PF-I	Protein fraction I
PF-II	Protein fraction II
PG	Prostaglandin
PGI_2	Prostacyclin
PKTB	Princes Krishna Jammanni Tuberculosis
PLA_2	Phospholipase A_2
PLB	Phospholipase B
PLC	Phospholipase C
PLD	Phospholipase D
PMN	Polymorphonuclear
R_f	Retardation factor
ROS	Reactive oxygen species
RP	Reverse phase
rpm	Rotation per minute
s.c	Sub cutaneous
SD	Standard deviation
Sec	Seconds
SDS	Sodium dodecyl sulfate
SOD	Superoxide dismutase
SRS A	Slow reacting substance of anaphylaxis
$sPLA_2$	Secretory phospholipase A_2
θ	Theta
Temp	Temperature
Tris	Tris (hydroxyl methyl) amino ethane
TBA	Thiobarbituric acid
TCA	Trichloroacetic acid

TEMED	Tetramethylenediamine
TFA	Trifluoro acetic acid
TNF α	Tumor necrosis factor α
TXA_2	Thromboxane A_2
UV	Ultra violet
v/v	Volume/volume
VRV-V-PLA_2	*Vipera russellii* phospholipase A_2
V	Volts
w/v	Weight/volume
w/w	Weight/weight

CAPÍTULO - I

INTRODUÇÃO GERAL

INFLAMAÇÃO

A inflamação é um pré-requisito normal e necessário para a cicatrização (Hardy, 1989) dos tecidos lesionados. A inflamação contribui para todos os processos de doença, incluindo a imunidade, a patologia vascular, o traumatismo, a sépsis, as lesões químicas e metabólicas. As forças externas ou os agentes químicos ou biológicos que causam perturbações internas também provocam lesões tecidulares, onde se iniciam reacções inflamatórias que levam a que os vasos sanguíneos e outros tecidos na área lesada ou na sua proximidade apresentem reacções citológicas e histológicas complexas e dinâmicas. Estas reacções são de natureza local e destinam-se a provocar a destruição ou a remoção de material lesivo, como bactérias, matérias estranhas ou produtos químicos, e a promover respostas morfológicas que conduzem à reparação e à cicatrização. Se ocorrerem danos nos tecidos devido a uma infeção ou lesão, o sistema imunitário inato e, mais tarde, o sistema imunitário adaptativo são acionados para destruir o agente infecioso através de vários tipos de células inflamatórias (Kay, 1987).

A inflamação é a primeira linha de defesa do organismo contra lesões e infecções e a resposta inflamatória é omnipresente na sua patologia. No entanto, é uma faca de dois gumes, com consequências indesejáveis, como o choque sistémico e o colapso circulatório, e que, se for prolongada, conduz a danos locais nos tecidos de muitos órgãos. A resposta inflamatória pode destruir tecidos saudáveis e causar mais danos do que o problema original, pelo que as reacções inflamatórias descontroladas são a base bioquímica para a origem de doenças inflamatórias crónicas como a artrite reumatoide, a doença coronária, a diabetes ou a asma. Manter a inflamação sob controlo significa que o sistema imunitário tem de manter um equilíbrio entre o aumento da inflamação e o seu arrefecimento simultâneo. Assim, as doenças inflamatórias contribuem para muito sofrimento clínico e constituem alvos importantes para um melhor tratamento.

Clinicamente, as caraterísticas fundamentais da inflamação são o calor, a vermelhidão, o inchaço e a dor, resultando em perda de função (Quadro 1.01). Estes sinais e sintomas são causados pela estimulação física e química de receptores sensoriais conhecidos como nociceptores. Estes receptores reagem a estímulos potencialmente nocivos enviando sinais nervosos para a medula espinal e para o cérebro e, normalmente, causam a perceção da dor e a disfunção dos órgãos. A resposta do hospedeiro tenta limitar a extensão dos danos, contrariar a infeção e promover a cura e a recuperação da função. O processo inflamatório envolve o recrutamento de células sanguíneas derivadas da medula óssea e a sua mobilização para os locais de lesão através de células endoteliais localmente reactivas e para trazer factores do soro para neutralizar os agentes infecciosos. Muitos outros órgãos, incluindo o sistema nervoso central (febre), o sistema cardiovascular (frequência cardíaca elevada), o fígado (produção de proteínas plasmáticas) e os sistemas endócrinos (adrenal e outros) contribuem para a complicada resposta dinâmica do hospedeiro. A inflamação pode ser aguda (precoce) ou crónica (persistente).

Quadro 1.01 Sinais e sintomas clássicos de inflamação

Inglês	**Latina**	**Causa**
Vermelhidão	*Rubor*	Vasodilatação
Inchaço	*TumorTurgor*	Vasodilatação
Calor	*Calor*	Aumento da permeabilidade vascular,
Nociceptores da dor	*Dolor*	Estimulação física e química da dor que provoca a inibição muscular reflexa
Perda de função	Functio *laesa**	perturbação da estrutura dos tecidos

**A Functio* laesa não é realmente exclusiva da inflamação e é uma caraterística de muitos estados de doença.

O lado bom da inflamação

A resposta inflamatória aos danos nos tecidos é de grande valor para

- isolar a zona danificada

- mobilização de células e moléculas efectoras para o local
- promover a cura

A sua importância é demonstrada pelos problemas associados às pessoas que têm defeitos hereditários em componentes associados ao combate às infecções. A incapacidade de produzir espécies reactivas de oxigénio (ROS) conduz à doença granulomatosa crónica e os defeitos hereditários na capacidade de produzir agentes químicos, como os componentes do complemento, aumentam o risco de certas infecções.

O lado mau da inflamação

Muitas vezes, a resposta inflamatória é desproporcionada em relação à ameaça que está a enfrentar. O resultado pode ser mais danos para o corpo do que o próprio agente teria produzido. As alergias e as doenças auto-imunes são exemplos de inflamação em resposta ao que deveria ser um agente inofensivo ou, pelo menos, não infecioso. Alguns exemplos:

- Asma
- Artrite reumatoide (AR)
- Esclerose múltipla (EM)
- Lúpus Eritematoso Sistémico (LES)
- Doença Pulmonar Obstrutiva Crónica (DPOC)

Em muitos destes casos, o problema é agravado pela formação de anticorpos contra antigénios próprios ou antigénios persistentes de infecções latentes. O complexo dos anticorpos com os antigénios, que desencadeia o sistema do complemento com todos os seus mediadores da inflamação, agrava a doença. A inflamação pode, por vezes, levar à morte, como no caso do choque anafilático, ou, em condições crónicas, resultar em doenças debilitantes, como na artrite e na gota.

Aspectos históricos da inflamação

Há milhares de anos que a inflamação tem sido estudada numa tentativa de a tratar. **Aulus Cornelius Celsus** (30 a.C. a 45 d.C.), um escritor médico romano, descreveu os quatro famosos sinais de inflamação: rubor, tumor, com calor e dor e utilizou extractos de folhas de salgueiro para os aliviar. Dois séculos depois de Celsus, Galeno foi influente na promoção da visão humoral da inflamação (Figura 1.01). No seu modelo de inflamação, a formação de pus fazia parte da resposta benéfica à lesão e não de uma patologia sobreposta (Silva, 1978). Esta visão humoral da inflamação persistiu até ao século XIX, quando o quinto sinal cardinal - *função laesa,* perda de função - foi acrescentado em 1871 por Virchow. Em contraste com Galeno, Virchow via a inflamação como inerentemente patológica.

Os sinais cardinais são tão apropriados atualmente como o eram quando foram descritos pela primeira vez por Celsus há mais de 2000 anos (Lawrence et al., 2002). Estes sinais representam uma resposta que está programada no interior do tecido. Esta resposta é a principal reação de defesa do organismo, concebida para antecipar, intercetar e destruir os microrganismos invasores. Waller (1846) e Cohnheim (1867) descreveram pela primeira vez que as lesões provocavam a dilatação dos vasos e a libertação de fluidos e estimulavam o recrutamento de leucócitos. A descoberta da infeção como o outro importante fator desencadeante da inflamação ocorreu muito mais tarde e teve de esperar pela descoberta dos germes e da sua ligação à doença por Pasteur e Koch no final do século XVIII.

Figura 1.01. Hunter, cirurgião no Hospital de St. George e membro da Royal Society no século XVIII, descreveu as lesões da inflamação em diversas fases e variantes. Também explicou o facto de a inflamação não ser uma doença, mas uma resposta inespecífica que tem um efeito "benéfico" no seu hospedeiro. Sublinhou os princípios de que a inflamação era um fenómeno geral com várias fases, que podiam resolver-se ou progredir para a descarga de pús. A teoria da inflamação foi avançada em meados do século XIX através dos trabalhos do experimentalista Cohnheim, que observou pela primeira vez efeitos vasomotores e a emigração de leucócitos em locais de inflamação. Foi a primeira pessoa a utilizar o microscópio para observar vasos sanguíneos inflamados e edema e descreveu os resultados de uma forma que não poderia ser muito alterada pelos conhecimentos recentes.

A próxima grande contribuição para a nossa compreensão dos processos inflamatórios veio de Metchnikoff. Ele fez observações comparativas de células fagocitárias de uma variedade de animais. Inclui amebas unicelulares, várias espécies de invertebrados, como larvas de estrelas-do-mar transparentes e um pequeno crustáceo transparente, a *Daphnia*, e representantes de vários vertebrados, como peixes, anfíbios, répteis e mamíferos. Concluiu no seu livro

Comparative Pathology of Inflammation (Patologia Comparada da Inflamação) que "o objetivo da inflamação era levar os fagócitos para um local de lesão" (Heifets, 1982). Ehrlich, que desenvolveu a teoria humoral da imunidade, explicou que o objetivo da inflamação era trazer factores do soro para neutralizar os agentes infecciosos. Mais tarde, os trabalhos de Metchnikoff e Ehrlich foram considerados fundamentais para a compreensão da inflamação e partilharam o prémio nobre de medicina e fisiologia no ano de 1908. Os desenvolvimentos históricos relativos às reacções inflamatórias, por ordem cronológica, são apresentados no Quadro 1.02.

Quadro 1.02 Definições históricas de reacções inflamatórias por ordem cronológica

Autor e ano	Cotação/ Definição	Histórico Interpretação/ causas
Celsus, século I (I)d.C.	"rubor et tumor cum calore et dolore	Primeira documentação de sinais cardinais de inflamação
Galeno, 3rd século AD	"Pus louvável	A infeção e a inflamação são benéficas para a reparação de feridas
Virchow, 1871	A reação inflamatória é uma consequência de uma ingestão excessiva, pelas células intersticiais, de alimentos filtrados através da parede do vaso	Inflamação como uma proliferação patológica de células devido à fuga de nutrientes dos vasos
Cohnheim, 1873	Por fim, no exterior do vaso, encontra-se um corpúsculo sanguíneo incolor".	Os corpúsculos sanguíneos eram vistos como mecanismos patológicos através dos quais as infecções se propagavam, secundárias a lesões vasculares

Metchnikoff, 1908	O primum movens da reação inflamatória é uma ação digestiva em relação ao agente nocivo	A inflamação como uma resposta celular defensiva aos agentes patogénicos, orientada pelos vasos e não como um aspeto da própria patologia
Lewis, 1927	A inflamação como "resposta tripla" à lesão	A inflamação é caracterizada por eventos vasculares mediados por substâncias químicas locais e axónios
Silva, 1974	A inflamação é um "fenómeno multi-mediado, em que todos os mediadores entram e saem no momento adequado, aumentando a permeabilidade vascular, atraindo leucócitos, produzindo dor, edema local e necrose	Inflamação definida por mediadores

Definição

"Quando ocorre uma lesão nos tecidos, quer seja provocada por bactérias, traumatismos, produtos químicos, calor ou qualquer outro fenómeno, os tecidos lesionados libertam múltiplas substâncias que provocam alterações secundárias dramáticas nos tecidos. A todo este complexo de alterações tecidulares chama-se inflamação". A palavra inflamação vem do latim *inflammare* que significa "incendiar-se". Atribui-se ao cientista romano Celsus a documentação (século I [d].C.) dos quatro sinais cardinais da inflamação: rubor et tumor cum calore et dolore, traduzidos por vermelhidão e inchaço com calor e dor. Esta definição de inflamação reconhece a resposta inflamatória aguda "clássica" atual, por exemplo, a perda de tecido após um acontecimento traumático. Assim, na sua génese, a inflamação era definida por uma combinação de sinais e sintomas clínicos e não por uma fisiopatologia específica.

Causas das reacções inflamatórias

Os factores que podem estimular a inflamação incluem microrganismos, agentes físicos, químicos, respostas imunológicas inadequadas e morte dos tecidos. Os agentes infecciosos, como os vírus e as bactérias, são alguns dos estímulos mais comuns da inflamação. Os vírus dão origem à inflamação ao entrarem e destruírem as células do corpo; as bactérias libertam substâncias chamadas endotoxinas que podem iniciar a inflamação. Os traumatismos físicos, as queimaduras, a radiação e as queimaduras pelo frio podem danificar os tecidos e provocar inflamação, tal como os produtos químicos corrosivos, como os ácidos, os álcalis e os agentes oxidantes. A inflamação também pode ocorrer quando os tecidos morrem por falta de oxigénio ou de nutrientes, uma situação que é frequentemente causada pela perda de fluxo sanguíneo para a zona. As reacções alérgicas ou de hipersensibilidade, em que um agente ambiental, como o pólen, que normalmente não representa qualquer ameaça para o indivíduo, estimula a inflamação, e as reacções auto-imunes, em que a inflamação crónica é desencadeada pela resposta imunitária do organismo contra os seus próprios tecidos.

Eventos de inflamação

A reação inflamatória é, filogenética e ontogeneticamente, o mecanismo de defesa mais antigo. As células de defesa estão amplamente distribuídas por todo o corpo, mas se ocorrer uma infeção ou lesão dos tecidos, é necessário concentrar-se nelas e nos seus produtos no local da lesão. Os principais eventos durante o processo inflamatório devido a lesão tecidular são descritos a seguir. A vasodilatação local aumenta o fluxo sanguíneo regional para a área inflamada e aumenta a permeabilidade microvascular. Isto leva a um aumento do fluxo sanguíneo (hiperemia) que causa vermelhidão (eritema) e a entrada de fluido e proteínas plasmáticas no tecido (edema).

1. Concomitantemente, há um aumento da expressão de moléculas de adesão nas células endoteliais e a libertação de factores quimiotácticos do local

inflamado. Estes factores facilitam a adesão das células circulantes ao endotélio vascular e a sua migração para a área afetada.

2. Estes acontecimentos, fortemente regulados, resultam numa predominância de neutrófilos na área inflamada no início da lesão. As células fagocíticas ingerem material estranho e detritos celulares.

3. Estas células inflamatórias também libertam enzimas hidrolíticas e proteolíticas e geram espécies reactivas de oxigénio que eliminam e digerem os organismos invasores e limpam os resíduos celulares e teciduláres.

4. Finalmente, o estímulo lesivo é eliminado e a estrutura e função normais dos tecidos são restauradas

Esta série de eventos, desde a lesão até à restauração da estrutura normal do tecido, é mediada por um número de moléculas representadas na Figura 1.02. Assim, o processo de inflamação é melhor compreendido quando organismos unicelulares ou multicelulares sem sistemas vasculares têm as suas próprias respostas a lesões locais. Estas incluem a fagocitose do agente lesivo, o aprisionamento do irritante por células especializadas e a neutralização de estímulos nocivos por hipertrofia da célula ou de um dos seus organelos.

Processo de cicatrização de feridas

A cicatrização é o resultado desejado da inflamação. Uma resposta inflamatória bem sucedida resolve a lesão ou infeção através da rápida eliminação de bactérias ou corpos estranhos. O tecido danificado é substituído por novo tecido conjuntivo e mantém a capacidade de funcionamento do tecido. A cicatrização difere da simples reparação na medida em que a cicatrização envolve a regeneração do tecido parenquimatoso, enquanto a reparação por tecido conjuntivo não. A melhor cicatrização ocorre quando a resposta inflamatória foi rápida e eficaz, resultando em danos mínimos nos tecidos (Diegelmann e Evans, 2004).

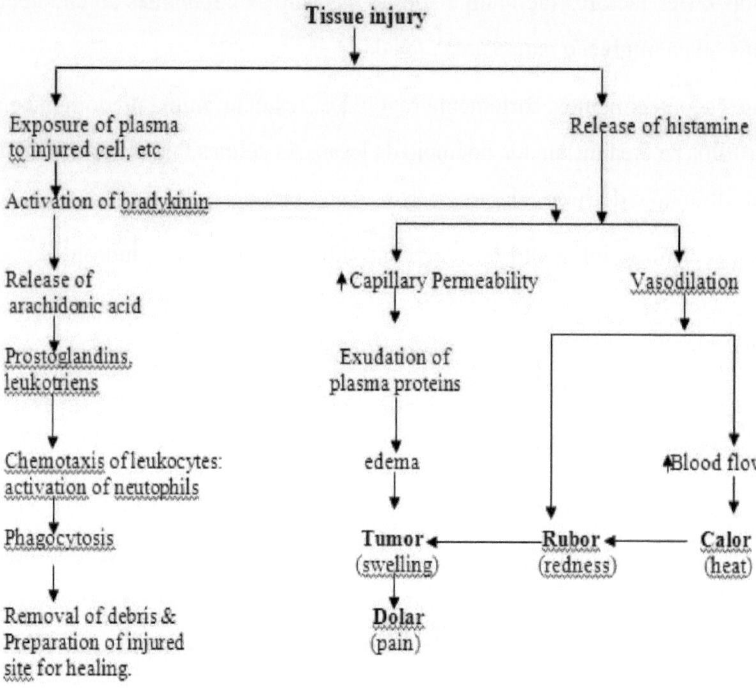

Figura. 1.02. Eventos das reacções de infiamma ton* durante a lesão dos tecidos

O processo de cicatrização começa muito rapidamente após o início da inflamação. Não é raro que a inflamação ocorra ao mesmo tempo que a cicatrização. Os neutrófilos e os macrófagos estão envolvidos na sua ação de defesa mesmo ao lado dos fibroblastos que estão a depositar colagénio (Singer e Clark, 1999). Uma vez que a inflamação e a cicatrização podem ocorrer em simultâneo, pode ser difícil determinar exatamente o grau de resolução de uma lesão. Muitas vezes a lesão não se resolve bem, especialmente se o estímulo inflamatório for forte e contínuo. Sem inflamação, as infecções não seriam controladas, as feridas nunca cicatrizariam e os órgãos lesionados poderiam permanecer como feridas purulentas permanentes. No entanto, as reacções inflamatórias e o mecanismo de reparação podem ser potencialmente prejudiciais se não forem controlados após a conclusão do processo de defesa. A inflamação crónica resulta normalmente em tecido conjuntivo denso em toda a área da ferida e pode levar a abcessos encapsulados ou a cicatrizes pesadas. Por conseguinte, tem de ser controlada por moléculas anti-inflamatórias (Hunt et al., 2000; Nathan, 2002).

Tipos de inflamação

A resposta inflamatória contra danos nos tecidos e a desafios externos conduz, em última análise, à restauração da estrutura e função dos tecidos. Esta resposta requer imunidade inata em alguns casos e uma resposta imune adaptativa noutros. Estas respostas são os dois principais componentes integrais do sistema de defesa do hospedeiro. A imunidade inata não só actua como a primeira linha de defesa contra material nocivo, como também fornece os sinais necessários para instruir o sistema imunitário adaptativo a montar uma resposta. Por sua vez, o sistema imunitário adaptativo depende do sistema imunitário inato para fornecer os efectores necessários, sob a forma de fagócitos e granulócitos, para lidar com o estímulo inicial (Trowbridge e Emling,1997; Abbas, 2003). Deste ponto de vista, as reacções inflamatórias dividem-se principalmente em inflamação aguda e inflamação crónica.

Reacções inflamatórias agudas

A inflamação aguda pode desenvolver-se ao longo de minutos ou horas, dependendo do tipo e da gravidade da lesão tecidular, e dura geralmente horas a dias. Existem quatro resultados principais da inflamação aguda, caso o doente sobreviva: (i) resolução, (ii) cicatrização por fibrose, (iii) formação de abcessos e (iv) progressão para inflamação crónica em alguns casos (por exemplo, infecções virais, reacções de corpos estranhos e infecções fúngicas). Três factores determinam estes resultados: a gravidade do dano tecidular, a capacidade das células especializadas dentro do tecido danificado para se dividirem e se substituírem, um processo denominado regeneração e o tipo de agente que causou o dano tecidular (Lawrence et al., 2002). A inflamação aguda pode resolver-se ou curar-se por cicatrização, mas também pode progredir para uma inflamação crónica, sendo comum a coexistência de uma resposta mista aguda e crónica

(Lawrence et al., 2002). Os três componentes e consequências principais e inter-relacionados da inflamação aguda são os seguintes

1. Dilatação vascular - aumento do fluxo sanguíneo (hiperemia).
2. Fuga de proteínas plasmáticas - edema,
3. Emigração de neutrófilos - destruir o antigénio.

A Figura 1.03 resume os eventos que ocorrem no local da inflamação aguda com células activas e agentes marcados. O processo de exsudação, auxiliado pela contração das células endoteliais e pela vasodilatação, que é tipicamente mais pronunciada nas vénulas. Os mediadores químicos que produzem a contração endotelial incluem: histamina, leucotrieno, bradicinina, fator de ativação plaquetária e componentes do complemento. Os mediadores deste processo a longo prazo incluem o fator de necrose tumoral e a interleucina-1 (IL-1). Os mediadores químicos que promovem a vasodilatação incluem: histamina, prostaglandinas e óxido nítrico.

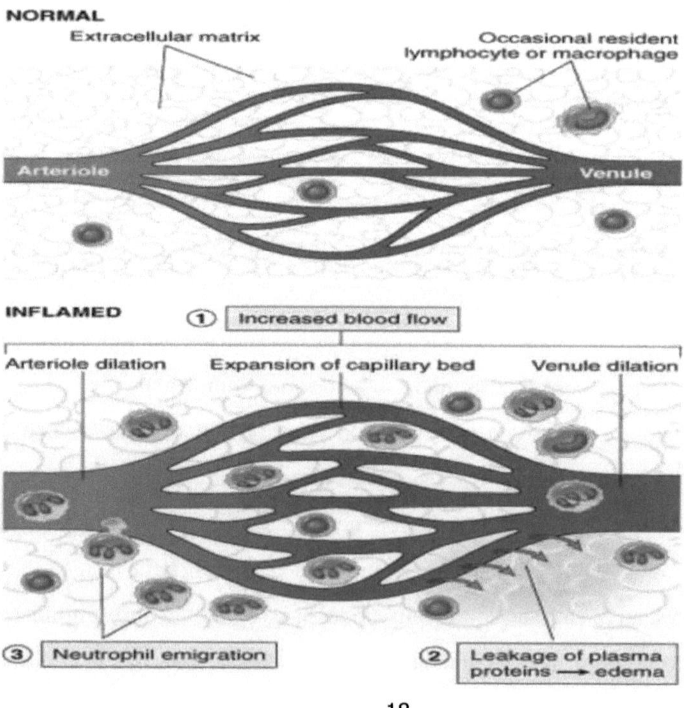

Figura-1.03. Fase vascular durante a inflamação

Reacções inflamatórias crónicas

A inflamação crónica pode ser seguida de uma inflamação aguda quando um agente lesivo persiste durante um período prolongado, causando concomitantemente destruição, inflamação, organização e reparação dos tecidos. A inflamação crónica é caracterizada pela proliferação de vasos sanguíneos e tecido conjuntivo e está associada à presença de linfócitos e macrófagos. As doenças inflamatórias crónicas, como a artrite reumatoide, são caracterizadas pela acumulação e persistência de células inflamatórias nas articulações sinoviais, o que resulta em danos nas articulações. A perda da função dos tecidos ou dos órgãos em resultado de uma resposta inflamatória inadequada também se observa em várias outras doenças, como a bronquite crónica, o enfisema, a asma, a glomerulonefrite, o enfarte do miocárdio e a lesão de reperfusão por isquémia (Abbott, 2000; Lawrence et al., 2002). O grande número de complicações que ameaçam a vida (Quadro 1.03) resume a importância do controlo das doenças inflamatórias crónicas.

Tabela -1.03. Exemplos de doenças inflamatórias crónicas

Doença de Alzheimer	Glomerulonefrite pós-estreptocócica
Síndrome de sépsis	Rejeição de xenoenxertos de tuberculose
Pneumonia por vírus da gripe	Lepra (forma tuberculoide)
Pneumonite por fibrose cística	Filariose
Fibrose pulmonar induzida por bleomicina	Rejeição crónica de aloenxertos
Osteoartrite	Síndromes febris periódicas
Psoríase	Artrite reumatoide
Lúpus eritematoso sistémico	Cirrose hepática
Asma	Aterosclerose
Dermatite atópica	Doença pulmonar obstrutiva crónica
Gota (acidente vascular cerebral	Lesão de isquémia-reperfusão

oclusivo e embólico)	
Disenteria bacteriana	Hepatite C
Diabetes mellitus tipo I	Colite ulcerosa
Vasculites	Síndrome de Goodpasture

Em contraste com o que precede, algumas doenças inflamatórias têm uma capacidade intrínseca de resolução completa sem lesão dos tecidos. A pneumonia estreptocócica lobar está envolvida na acumulação extensiva de neutrófilos, monócitos e macrófagos nos pulmões. Estudos efectuados em doentes com pneumonia lobar mostraram que a maioria das lesões desaparece sem qualquer evidência de destruição dos tecidos. As experiências em modelos animais de pneumonia estreptocócica mostram a resolução da patologia dos tecidos em 3 a 4 dias (Jay et al., 1975; Metlay et al., 1998). Por conseguinte, este tipo de resposta inflamatória auto-limitada está sob o controlo rigoroso de mecanismos endógenos. Os eventos celulares que ocorrem durante as condições inflamatórias agudas e crónicas são apresentados na Tabela 1.04.

Quadro 1.04 Comparação entre inflamação aguda e crónica

	Aguda	**Crónica**
Agente causador	Agentes patogénicos, tecidos lesionados	Inflamação aguda persistente devida a corpos estranhos não persistentes, reacções auto-imunes
Principais células envolvidas	Neutrófilos, células mononucleares.	Células mononucleares (monócitos, macrófagos, linfócitos, plasmócitos), fibroblastos
Mediadores primários	Aminas vasoactivas, eicosanóides	IFN-γ e outras citocinas, factores de crescimento, espécies reactivas de oxigénio, enzimas hidrolíticas
Início	Imediato	Atrasado
Duração	Poucos dias	Até muitos meses, ou anos
Resultados	Formação de	Destruição dos tecidos, fibrose

	abcessos, Inflamação crónica	

Respostas durante a inflamação

Existem várias células envolvidas nas reacções inflamatórias agudas e crónicas e estão distribuídas por todo o corpo. Algumas das células importantes envolvidas nas reacções inflamatórias são os neutrófilos, os macrófagos, os monócitos, os mastócitos, os basófilos e os eosinófilos. Os neutrófilos, também conhecidos como leucócitos polimorfonucleares (PMN), representam 50 a 60% do total de leucócitos circulantes e constituem a "primeira linha de defesa" contra agentes infecciosos ou substâncias "não próprias" que penetram nas barreiras físicas do organismo. Uma vez iniciada a resposta inflamatória, os neutrófilos são as primeiras células a serem recrutadas para os locais de infeção ou lesão. Os seus alvos incluem bactérias, fungos, protozoários, vírus, células infectadas por vírus e células tumorais (Abbas, 2003).

Os macrófagos podem ser divididos em macrófagos normais (tecido conjuntivo, pulmão, gânglios linfáticos, baço, medula óssea, fluidos serosos e pele) e macrófagos inflamatórios. Os macrófagos são geralmente uma população de fagócitos mononucleares ubiquamente distribuídos, responsáveis por processos homeostáticos, imunológicos e inflamatórios. Devido à sua ampla distribuição, estas células estão bem adaptadas para fornecer uma defesa imediata contra elementos estranhos antes da imigração de leucócitos. Participam na imunidade específica e não específica. Os monócitos são menos numerosos e mais pequenos do que os seus homólogos neutrófilos. Os monócitos do sangue são células jovens e possuem actividades migratórias, quimiotácticas, pinocíticas e fagocíticas. Pode afirmar-se que os monócitos representam a população de macrófagos circulantes e devem ser considerados totalmente funcionais para a sua localização, alterando o fenótipo em resposta a factores encontrados em tecidos específicos após a migração.

Os mastócitos e os basófilos desempenham um papel central nas reacções inflamatórias e alérgicas imediatas. O número de mastócitos e basófilos aumenta nos locais de inflamação e libertam potentes mediadores inflamatórios. Os basófilos surgem na medula óssea e, após maturação e diferenciação, são libertados na circulação sanguínea. Tanto os mastócitos como os basófilos contêm grânulos citoplasmáticos especiais que armazenam mediadores da inflamação. O eosinófilo é um leucócito terminal diferenciado que reside predominantemente no tecido submucoso e é recrutado nos locais de reacções imunitárias específicas, incluindo doenças alérgicas (Abbas, 2003).

Mediadores da inflamação

Uma substância que causa um dos eventos componentes da inflamação através de um recetor específico é denominada mediador da inflamação. Os mediadores da inflamação são moléculas solúveis e difusíveis que actuam localmente no local da lesão tecidular e da infeção, bem como em locais mais distantes. Podem ser divididos em mediadores exógenos e endógenos. Os produtos bacterianos e as toxinas podem atuar como mediadores exógenos da inflamação. Os mediadores endógenos da inflamação são produzidos no próprio sistema imunitário (inato e adaptativo), bem como noutros sistemas. Com base na origem e na síntese, vários mediadores químicos são classificados como se mostra na Tabela 1.05.

Tabela-1.05 Mediadores químicos da inflamação

Plasma	**Cel**	**ls**
Factores proteicos	**Pré-formado**	**Recentemente sintetizado**
Sistema do complemento Sistema cinina Factores de coagulação	Histamina Serotonina Enzima lisossomal Endotoxina Óxido nítrico	Prostaglandinas Leucotrienos Tromboxanos Lipoxinas Factores de ativação das plaquetas Citocinas Factores de necrose tumoral Espécies reactivas de oxigénio

Os factores presentes no plasma estão envolvidos em reacções imunológicas e na cascata de coagulação como parte do mecanismo de defesa. As células inflamatórias libertam vários mediadores químicos. Alguns deles são pré-formados e armazenados nas vesículas e outros têm de ser sintetizados em resposta a estímulos inflamatórios. Os mediadores pré-formados estão envolvidos nas reacções alérgicas e os mediadores recém-sintetizados são de natureza lipídica e são pró-inflamatórios. A inflamação aguda deve-se a mediadores como o sistema do complemento, o sistema de coagulação, o sistema fibrinolítico, o sistema das cininas, os eicosanóides, o fator de ativação das plaquetas, a histamina, a serotonina, o óxido nítrico e a endotoxina. A inflamação crónica deve-se principalmente às citocinas, interleucina-1, interleucina-6 e fator de necrose tumoral-α. Alguns dos mediadores importantes são descritos a seguir.

Mediadores de proteínas

O sistema complemento é um sistema em cascata de proteínas enzimáticas. Pode ser ativado durante a reação inflamatória aguda de várias formas: Na necrose dos tecidos, as enzimas capazes de ativar o complemento são libertadas das células moribundas. Durante a infeção, a formação de complexos antigénio-anticorpo pode ativar o sistema do complemento através da via clássica, enquanto as endotoxinas das bactérias gram-negativas activam o sistema do complemento através da via alternativa. Os outros mediadores proteicos que activam o sistema do complemento são produtos dos sistemas de cininas, coagulação e fibrinolítico (Rang et al., 1999). Vários factores proteicos estão envolvidos na via do complemento. Alguns dos factores importantes são os seguintes

- **C5a**: quimiotático para os neutrófilos; aumenta a permeabilidade vascular; liberta histamina dos mastócitos
- **C3a**: propriedades semelhantes às do C5a, mas menos ativo
- **C567**:quimiotático para neutrófilos
- **C56789**: atividade citolítica

- **C4b, 2a, 3b**: opsonização de bactérias (facilita a fagocitose pelos macrófagos). As principais funções da cascata do complemento e o seu papel nas reacções inflamatórias agudas estão resumidas na Figura 1.04.

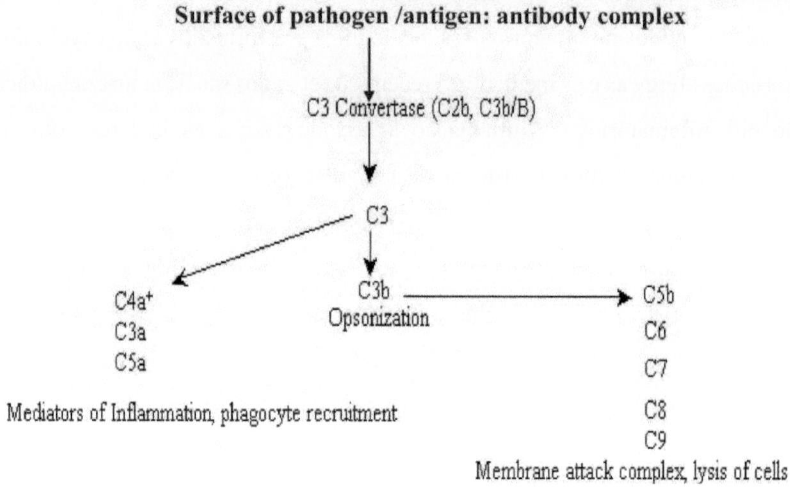

Figura-1.04. Funções dos componentes do complemento na inflamação

O sistema de coagulação é responsável pela conversão do fibrinogénio solúvel em fibrina, um dos principais componentes dos exsudados inflamatórios agudos (Davieet al, 1991; Esmon, 1993). O fator de coagulação XII (o fator Hageman), uma vez ativado pelo contacto com componentes extracelulares, como a lâmina basal, e várias enzimas proteolíticas de origem bacteriana, pode ativar os sistemas de coagulação, cininas e fibrinolítico. Foi demonstrado que os mediadores inflamatórios aumentam a atividade das plaquetas e activam a cascata de coagulação. A trombina, uma molécula-chave na cascata de coagulação, também demonstrou ter poderosas acções pró-inflamatórias, uma vez que aumenta a adesão dos glóbulos brancos ao endotélio e às plaquetas e estimula a expressão da selectina-P e do ligando CD40 das plaquetas activadas.

As cininas são péptidos de 9-11 aminoácidos e são activadas pelo fator de coagulação XII (Abbott, 2000). As cininas mais importantes são a bradicinina e a calicreína. O sistema calicreína-cinina representa uma cascata enzimática endógena, cujo desencadeamento resulta na ativação das calicreínas para produzir o péptido ativo bradicinina, uma molécula que exerce vários efeitos biológicos potentes, incluindo hipotensão, aumento da permeabilidade microvascular, contração do músculo liso e indução de dor inflamatória (Proud e Kaplan, 1988). Quando injectada nos animais experimentais, a bradicinina pode causar os quatro sinais de inflamação, ou seja, inchaço, calor, vermelhidão e dor, que foram documentados desde a era da Grécia antiga; por conseguinte, a bradicinina foi considerada um dos importantes mediadores da inflamação (Silva, 1978).

Mediadores químicos pré-formados

A histamina e a serotonina são os mediadores químicos mais conhecidos na inflamação aguda e são moléculas pré-formadas armazenadas nos mastócitos, basófilos, eosinófilos, leucócitos e plaquetas. Provocam dilatação vascular e uma fase transitória imediata de aumento da permeabilidade vascular (Gaboury et al., 1995). A libertação de histamina pelos mastócitos resulta numa degranulação estimulada pelos componentes do complemento C3a e C5a e pelas proteínas lisossómicas libertadas pelos neutrófilos. As serotoninas podem desempenhar um papel na mediação da inflamação, mas os seus antagonistas melhoram apenas alguns tipos de respostas inflamatórias (Robert e Morrow, 2001).

Os compostos lisossómicos encontram-se nos neutrófilos e nos monócitos e, quando libertados, podem contribuir para a resposta inflamatória. Os compostos lisossomais incluem proteínas catiónicas, que aumentam a permeabilidade vascular, e proteases neutras, que activam a via do complemento. As células fagocíticas acumulam-se no local da lesão e libertam enzimas líticas para hidrolisar os corpos estranhos ou invasores. Muitas vezes, esta ação resulta em danos nas células vizinhas. A ação destas enzimas líticas resulta na acumulação de células mortas, materiais digeridos e formação de pus. Assim, os constituintes lisossómicos têm inúmeros efeitos (Di Napoli e Papa, 2003).

As endotoxinas, produtos bacterianos e toxinas, podem atuar como mediadores exógenos da inflamação. O sistema imunitário dos organismos superiores evoluiu provavelmente num verdadeiro mar de endotoxinas que evocam respostas poderosas (Ishii et al, 1997). Por exemplo, a endotoxina pode desencadear a ativação do complemento C3a e C5a, que causam vasodilatação e aumentam a permeabilidade vascular, resultando na formação de anafilatoxinas. A endotoxina também ativa o fator Hageman, levando à ativação das vias de coagulação e fibrinolítica, bem como do sistema cinínico. Além disso, as endotoxinas provocam a proliferação de células T e foram descritas como super antigénios para as células T.

O óxido nítrico é formado a partir do aminoácido arginina pela óxido nítrico sintase presente no endotélio (constitutiva) e nos macrófagos (induzível). Muitas das acções de longa duração do óxido nítrico *in vivo* parecem ser causadas por compostos S-nitroso estáveis. As acções do óxido nítrico são a vasodilatação, a agregação antiplaquetária e a atividade citotóxica/ antimicrobiana (Moncada et al., 1991; Ignarro et al, 1999).

Mediadores químicos recentemente sintetizados

Os principais constituintes das membranas celulares são os fosfolípidos. As fosfolipases celulares, especialmente a fosfolipase A2 (PLA2) activada durante a inflamação, degradam os fosfolípidos em ácido araquidónico (Nicosia e Patrono, 1989). O ácido araquidónico tem uma meia-vida curta e pode ser metabolizado por duas vias principais, as vias da ciclo-oxigenase (COX) e da lipoxigenase (LOX), bem como pela epoxigenase (Figura 1.05). A via da ciclo-oxigenase produz prostaglandinas, prostaciclinas e tromboxanos; a via da lipoxigenase produz leucotrienos e lipoxinas. Estes eicosanóides estão implicados em diversos processos fisiológicos e têm um impacto profundo no processo inflamatório (Smith, 1992; Ribardo et al., 2002) (Quadro 1.06).

As prostaglandinas (PG) são uma família de moléculas semelhantes a hormonas lipossolúveis produzidas por diferentes tipos de células do organismo, como os macrófagos e os monócitos (PGE2 e PGF2), os neutrófilos (PGE2) e os mastócitos (PGD2). Ao contrário da histamina, as prostaglandinas não existem livremente nos tecidos, mas têm de ser sintetizadas e libertadas em resposta a um estímulo adequado. A PGE2 é pirogénica e aumenta a permeabilidade vascular, aumenta a sensibilidade à dor e estimula o AMPc dos leucócitos, que pode ter um efeito supressor importante na libertação de mediadores pelos mastócitos, linfócitos e fagócitos.

Os leucotrienos (LTs), o LTB4 e o 5-hidroxieicosatetraenoato (5-HETE) provocam a quimiotaxia (locomoção dirigida) e/ou a quimiocinese (movimento geral das células) de vários tipos de células, incluindo os neutrófilos. A síntese de LTB4 é inibida pela colchicina, um agente anti-inflamatório utilizado no tratamento da gota. A mistura de LTC4, LTD4 e LTE4, designada por substância de reação lenta da anafilaxia (SRS-A), é produzida por uma grande variedade de células, incluindo monócitos e macrófagos. São espasmogénicas e provocam a contração do músculo liso, principalmente nos brônquios, e têm efeitos na secreção de muco.

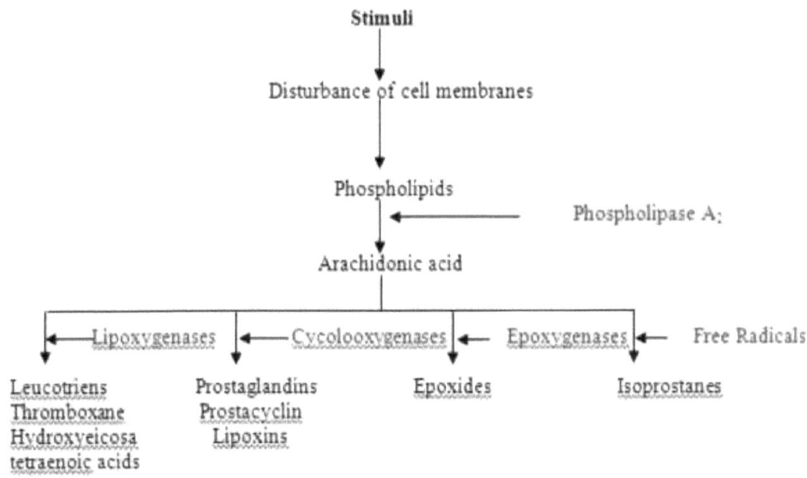

Figure 1.05. Synthesis of eicosanoids from arachidonic acid

O tromboxano A2 (TXA2) é um dos eicosonóides produzidos pelos monócitos, macrófagos e plaquetas. Provoca a agregação das plaquetas e a constrição dos vasos sanguíneos e das vias respiratórias. Estes efeitos são contrariados pela ação da prostaciclina (PGI2), que é um potente vasodilatador. As lipoxinas, LXA4 e LXB4, estimulam as alterações da microcirculação. A LXA4 induz uma rápida dilatação arteriolar e antagoniza a vasoconstrição induzida pela LTD4. A LXA4 regula a ação dos leucotrienos vasoconstritores. A LXA4 pode bloquear a quimiotaxia dos neutrófilos induzida tanto pelo LTB4 como pelos N-formil-oligopeptídeos. Tanto a LXA4 como a LXB4 inibem a citotoxicidade das células assassinas naturais.

Quadro 1.06: Mediadores lipídicos e suas actividades básicas

Atividade	Mediadores lipídicos
Pirogenicidade	PGE2
Asoconstrição V	TXA2
Vasodilatação	PGI2, PGE2, PGD2, PGF2
Contração do músculo liso	LTC4, LTD4, LTE4
Quimiotaxia dos fagócitos	LTB4, 5-HETE, PAF
Agregação de plaquetas	TXA2, PAF

As plaquetas produzem um grupo de análogos de éteres de acetil-alquilglicerol da fosfatidilcolina, denominado fator de ativação plaquetária (PAF). O PAF participa na função celular normal, bem como na patologia celular e tem muitas propriedades inflamatórias (Bazan, 1993, 1994 e 2003). Os PAF não são armazenados como mediadores pré-formados, mas são rapidamente gerados após a estimulação celular. Existem provas consideráveis de que o PAF libertado pelas células inflamatórias pode ser um mediador potente das respostas inflamatórias (Vane e Botting, 1998). O PAF causa vasoconstrição e broncoconstrição e, em concentrações extremamente baixas, induz vasodilatação e aumento da permeabilidade venular. Além disso, a injeção subplantar de PAF na pata traseira do rato aumenta a sensibilidade à dor (ou seja, diminui o limiar nociceptivo) (Dallob et al., 1987). Assim, o PAF pode provocar a maioria dos sinais significativos de inflamação (Stafforini et al., 2003).

As citocinas são proteínas segregadas por vários tipos de células imunitárias e servem como moléculas de sinalização (Krensky et al., 1990). O papel central das citocinas é controlar a direção, a amplitude e a duração da resposta inflamatória. Existem dois grupos principais de citocinas: pró-inflamatórias e anti-inflamatórias. As citocinas pró-inflamatórias são produzidas predominantemente por células imunitárias activadas, como a microglia, e estão envolvidas na amplificação das reacções inflamatórias. As citocinas anti-inflamatórias estão envolvidas na redução das reacções inflamatórias. Um dos melhores exemplos de citocina anti-inflamatória, a (IL-1), é sintetizada por macrófagos e monócitos. A IL-1 tem efeitos parácrinos sobre as células na vizinhança (Dray e Perkins, 1993; Dinarello, 1992; Arend, 1993; Naldini et al., 2000) e tem as seguintes funções.

- Fazendo com que produzam fator tecidular e desencadeando assim a cascata de coagulação do sangue,
- Estimular a síntese e a secreção de uma variedade de outras interleucinas,
- Ajudar a ativar as células T e, assim, iniciar uma resposta imunitária adaptativa,
- Diminuição da tensão arterial,
- Induzir a febre estimulando a libertação de prostaglandinas.

O Fator de Necrose Tumoral alfa (TNF-α) é rapidamente libertado pelos mastócitos estimulados. Todas as células envolvidas na inflamação têm receptores para o TNF-α e são activadas por este para sintetizarem mais por si próprias. Este feedback positivo amplifica rapidamente a resposta (Dray e Perkins, 1993; Dinarello, 1992).

As espécies reactivas de oxigénio (ERO), como o radical superóxido, o peróxido de hidrogénio e o hipoclorito, são produzidas por fagócitos, macrófagos e neutrófilos activados como parte da sua resposta a organismos ou partículas estranhos. Estes radicais são tóxicos para os microrganismos, mas também podem provocar lesões nos tecidos. Durante as várias fases da inflamação, a regulação da produção de radicais livres é muito importante. Os fagócitos e o endotélio vascular também produzem outro radical livre fisiológico, o óxido nítrico, que é um fator de relaxamento. O radical superóxido reage com o radical óxido nítrico para produzir peroxinitrito, que se decompõe em produtos tóxicos, radical hidroxilo ($OH^{\cdot}$), dióxido de azoto (NO_2) e ião nitrónio (NO_2^+). Estes radicais reactivos atacam as moléculas biológicas, incluindo o ADN, as proteínas e os lípidos. Os lípidos e as lipoproteínas são particularmente susceptíveis de serem atacados pelos radicais reactivos, levando à peroxidação lipídica, que está implicada na aterosclerose.

Reacções enzimáticas reguladoras

A ciclo-oxigenase (COX), também designada por prostaglandina H sintase ou prostaglandina endoperóxido sintase, catalisa a conversão do ácido araquidónico em PGH_2, o precursor comum das prostaglandinas e dos tromboxanos (Funk, 2001). As duas isoformas de COX codificadas por genes distintos foram identificadas e denominadas COX-1 e COX-2. A enzima COX-1 é expressa constitutivamente na maior parte dos tecidos e células para controlar a síntese de prostaglandinas, que são necessárias para a manutenção das células normais e para a função dos órgãos, denominada enzima de "manutenção da casa". Em contraste, a COX-2 é um gene de resposta intermédia que codifica uma proteína de 71 kDa induzível em determinadas células em resposta a estímulos inflamatórios que resultam num aumento da síntese de prostaglandinas. A prostaglandina formada pela COX-2 é a principal mediadora da dor e da inflamação (Tapiero et al., 2002). A COX-2 é induzida por uma variedade de factores de crescimento e está sobreexpressa na artrite reumatoide e no cancro da mama (Smith et al.,2000; Half et al., 2002; Cao e Prescott, 2002).

As lipoxigenases (LOX) catalisam a conversão do ácido araquidónico no intermediário epóxi LTA_4, um precursor comum dos leucotrienos e das lipoxinas (Yokota et al., 2001). Estas LOX são proteínas de cadeia longa e simples, com uma massa molecular até 103 kDa, presentes em neutrófilos, plaquetas e células epiteliais. Foram identificadas duas isoformas de LOXs codificadas por genes distintos. A 5-LOX é conhecida por produzir leucotrienos, que são mediadores críticos da resposta inflamatória observada na alergia e na artrite (Samuelsson, 1983a, 1983b; Samuelsson et al., 1987). A 15-LOX tem sido implicada na oxidação do LDL, um passo crítico na formação da lesão aterosclerótica, uma condição inflamatória. No pulmão humano, a 15-LOX está envolvida na produção de mediadores inflamatórios em resposta a estímulos externos (Steinberg e Witztum, 1990).

Inibição das enzimas COX/LOX

Uma vez que os mediadores derivados dos fosfolípidos desempenham um papel importante no início das reacções inflamatórias, a supressão da produção de eicosonóides tem sido considerada, desde há muito, como um dos principais alvos no tratamento de perturbações inflamatórias e doenças relacionadas. Por conseguinte, foram efectuadas diferentes abordagens a este respeito. Uma das abordagens tem por objetivo bloquear seletivamente a via enzimática que conduz à produção de PGs ou LTs (COX ou LOX, respetivamente) ou suprimir a produção de um PG ou LT específico, que está envolvido em doenças inflamatórias. No entanto, esta abordagem depara-se com vários inconvenientes. É bem sabido que cada uma das famílias de eicosanóides, PGs ou LTs, e outros mediadores químicos contêm tanto agonistas como antagonistas dos mesmos processos patológicos. Além disso, muitos processos induzidos pelos PGs são também induzidos pelos LTs.

Assim, os metabolitos do ácido araquidónico derivados de diferentes vias enzimáticas (COX-1, COX-2, LOX) participam em muitas condições patológicas, como a inflamação (Tramposch et al., 1994; Yang, 1996). Por conseguinte, o bloqueio de uma via selectiva de produção de eicosanóides desvia o pool de ácido araquidónico para a outra via e não ajuda ou até agrava as condições patológicas (Greaves e Camp, 1988; Lauritsen et al., 1994).

Por exemplo, os medicamentos do tipo da aspirina, os anti-inflamatórios não esteróides (AINE) mais utilizados, que reduzem a conversão do ácido araquidónico em PGs através da inibição da COX (Vane e Botting, 1998), alteram o metabolismo do ácido araquidónico, resultando num aumento da produção de LTs. Muitos AINEs inibem ambas as formas de COX, COX-1 e COX-2, causando efeitos secundários nos sistemas gastrointestinal e renal (Singh e Triadafilopoulos, 1999; Raskin, 1999). Foi sugerido que a inibição selectiva da COX-2 pode proporcionar efeitos benéficos sem quaisquer efeitos adversos (Lipsky e Isakson, 1997; Needleman e Isakson, 1997). No entanto, até à data, os ensaios clínicos realizados com inibidores selectivos da COX-2 são relativamente curtos e insuficientes para permitir a utilização crónica destes medicamentos. O conceito de que o bloqueio de uma via de produção de eicosanóides pode deslocar o metabolismo do ácido araquidónico para uma via alternativa é também consistente com a constatação de que os inibidores da 5- LOX, que é responsável pela produção de LT, têm um potencial anti-inflamatório limitado e insatisfatório.

Estas limitações na inibição selectiva das vias metabólicas do ácido araquidónico explicam o sucesso muito limitado desta abordagem, apesar do grande esforço investido no desenvolvimento de medicamentos que suprimem a produção de eicosanóides específicos. Por este motivo, foi proposta uma abordagem alternativa de "inibição de múltiplas vias", que consiste em controlar a produção de ácido araquidónico através da inibição da atividade da PLA2 (Vane e Botting, 1998; Singh e Triadafilopoulos, 1999).

Em comparação com os AINE, os glucocorticóides (esteróides) são os fármacos anti-inflamatórios mais potentes, uma vez que diminuem o pool de ácido araquidónico, que é o precursor das vias da COX e da LOX, diminuindo assim todos os mediadores lipídicos pró-inflamatórios. Devido a estas observações, a inibição da enzima PLA2 parece ser vantajosa para o tratamento de reacções inflamatórias agudas e crónicas induzidas por mediadores lipídicos pró-inflamatórios.

Inibição dos metabolitos do ácido araquidónico através da inibição da PLA2

Embora o ácido araquidónico possa ser libertado pela ação de várias enzimas, a PLA2 parece ser a principal enzima responsável pela sua libertação. A inibição da PLA2 parece ser vantajosa para o tratamento de condições patológicas induzidas por mediadores derivados dos fosfolípidos. A libertação de ácido araquidónico dos fosfolípidos por ação da PLA2 é o passo limitador da taxa de biossíntese dos eicosanóides. A PLA2 desempenha outro papel importante na inflamação, produzindo lisofosfolípidos, como o ácido lisofosfatídico (LPA) e a lisofosfatidilcolina, que também são biologicamente activos por si só e são os precursores de outros mediadores bioactivos potentes, como o fator de ativação plaquetária (PAF). Por conseguinte, a inibição da PLA2 poderia resultar na supressão de várias classes importantes de lípidos pró-inflamatórios, como PGs, LTs, Lyso-PL e PAF. Por conseguinte, a utilização de inibidores da PLA2 tem sido considerada uma estratégia terapêutica atractiva no tratamento de doenças relacionadas com a inflamação e lesões tecidulares (Leslie, 2004).

Fosfolipases

Os fosfolípidos assumem a estrutura ordenada, em duas camadas, necessária para as respostas biológicas adequadas à natureza. A manutenção e a renovação dos PLs membranares requerem a atividade de uma classe de enzimas denominadas fosfolipases. A evolução destas enzimas é tal que cada família catalisa a hidrólise de uma ligação éster específica dos fosfolípidos membranares e todas as classes de fosfolipases são necessárias para o funcionamento normal das células. Algumas das fosfolipases têm sido intensamente estudadas devido à sua importante contribuição para a inflamação e a reparação dos tecidos. O catabolismo dos fosfolípidos é efectuado pelas enzimas esterolíticas fosfolipases A1, A2, B, C e D que hidrolisam as ligações éster nos glicerofosfolípidos. As fosfolipases A1 e A2 são responsáveis pela clivagem das ligações éster dos ácidos gordos, enquanto as fosfolipases C e D clivam as ligações fosfodiéster do grupo principal (Figura 1.06). Em pormenor, as enzimas fosfolipase A1 hidrolisam os fosfolípidos na posição *sn-1* da espinha dorsal do glicerol (Aoki et al., 2002).

As enzimas PLA2 hidrolisam os fosfolípidos na posição *sn-2* da espinha dorsal do glicerol, libertando lisofosfolípidos e um ácido gordo livre (Cho, 2000). A fosfolipase B (PLB) hidrolisa os fosfolípidos, libertando ácidos gordos tanto da *posição sn-1* como *da posição sn-2*. Em muitos casos, a fosfolipase B tem atividade regular de PLA1 e PLA2, bem como atividade de lisofosfolipase. As enzimas fosfolipase C (PLC) catalisam a hidrólise da ligação fosfato dos fosfatídeos para produzir diacilglicerol (DAG). As enzimas fosfolipase D (PLD) catalisam a hidrólise da ligação fosfato dos fosfolípidos para produzir colina e ácido fosfatídico. De todas as classes conhecidas de fosfolipases, o grupo de enzimas PLA2 está bem estudado até à data e é conhecido por desempenhar um papel crucial nas cascatas de reação inflamatória.

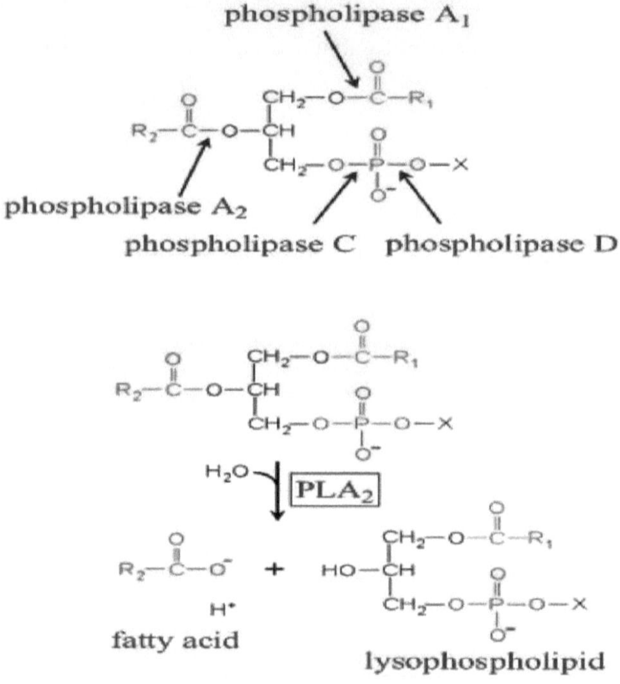

Figura 1.06 Locais de ação das fosfolipases e atividade catalítica da PLA2.

Fosfolipase A2

As enzimas PLA2 correspondem ao EC 3.1.1.4. e formam uma superfamília que contém atualmente 15 grupos separados e identificáveis e numerosos subgrupos de PLA2 (Dennis, 1994 & 1997; Six e dennis, 2000; Schaloske e dennis, 2006). Estas enzimas são caracterizadas pela sua capacidade de hidrolisar especificamente a ligação éster *sn-2* do substrato fosfolípido, como se mostra na

Figura 1.06. As enzimas são classificadas em diferentes grupos com base na sequência, peso molecular, padrões de ligação dissulfureto, necessidade de Ca^{2+}, etc. Existem cinco categorias principais de PLA2: as sPLA2s secretoras de pequeno peso molecular, as cPLA2s citosólicas dependentes de Ca^{2+}, as iPLA2s independentes de Ca^{2+}, as PAF acetil-hidrolases e as PLA2s lisossómicas (Quadro 1.07). Os produtos da hidrólise da ligação éster *sn-2* dos fosfolípidos são um ácido gordo livre e um lisofosfolípido. Estes dois produtos são posteriormente convertidos em mensageiros secundários que desempenham importantes funções fisiológicas. O ácido araquidónico, quando libertado da posição *sn-2* dos fosfolípidos, pode ser convertido em eicosanóides através da ação de uma variedade de diferentes enzimas a jusante (Funk, 2001). Estas moléculas de eicosanóides podem exercer uma vasta gama de efeitos fisiológicos e patológicos. O lisofosfolípido pode ser convertido em ácido lisofosfatídico ou acetilado em fator de ativação plaquetária, que também desempenha uma variedade de papéis fisiológicos (Moolenaar et al., 2004).

Quadro 1.07 Funções das diferentes enzimas PLA2

cPLA2	**iPLA2**	**sPLA2-I**	**sPLA2- IIA**	**Outros sPLA2s III, V, X, etc**
Libertação de mediadores lipídicos (eicosanóides, PAF, etc.)	Remodelação de fosfolípidos	Digestão dos lípidos	Ação bactericida, doenças inflamatórias (síndrome da angústia respiratória aguda, artrite reumatoide).	Libertação de ácidos gordos e outras funções

Classificação e mecanismo de ação da PLA2

Superfamília PLA2

A atividade da enzima sPLA2 foi estudada pela primeira vez em pormenor fenomenológico já na década de 1890, utilizando "veneno" ou peçonha de cobras (Fairbairn, 1945, Stephens et al., 1988). A primeira utilização do sistema de numeração de grupos foi observada em 1977 com sPLA2s do grupo I / II dos venenos de serpentes de chocalho, víboras, cobras e kraits (Heinrikson et al., 1977), com base nas diferenças nos padrões de ligação dissulfureto. As sPLA2s são caracterizadas pela necessidade de histidina no sítio ativo, pelo baixo peso molecular, pela necessidade de Ca^{2+} para a catálise e pela presença de seis ligações dissulfureto conservadas, com uma ou duas ligações dissulfureto adicionais variáveis (Six e dennis, 2000; Schaloske e dennis, 2006). O mecanismo de ação/estrutura da PLA2 do grupo IA (GIA) é descrito na secção seguinte, bem como as diferenças mecanísticas entre a sPLA2 do GIA e os outros membros do grupo. A primeira PLA2 não venenosa, denominada PLA2 do grupo IB (GIB), foi isolada do suco pancreático da vaca, tendo sido também encontrada em muitos outros animais (Puijk et al 1977). Há fortes indícios de que esta enzima desempenha um papel importante na digestão de fosfolípidos no estômago (Richmond et al., 2001; Eerola et al., 2006). Seguiu-se o isolamento de muitas outras formas de sPLA2 de mamíferos e outras formas de sPLA2, apresentadas no Quadro 1.08. O nome sPLA2 foi cunhado tendo em conta a elevada concentração de PLA2 do grupo IIA (GIIA) no líquido sinovial de doentes com artrite reumatoide (Seilhamer et al., 1989).

Todas as enzimas sPLA2 (exceto o grupo III) (Lin et al., 1988) apresentam um aumento caraterístico da atividade quando o substrato passa de agregados lipídicos monoméricos para agregados lipídicos mais ordenados, o que é conhecido como ativação interfacial (Verheij et al., 1981). O grupo de enzimas sPLA2 tem uma grande variedade de funções fisiológicas. Uma das funções biológicas mais definidas é a da GIIA PLA2, que demonstrou ser importante como agente antimicrobiano, ao hidrolisar as membranas carregadas negativamente de bactérias gram-negativas (Buckland et al., 2000a & 2000b). O papel fisiológico exato das enzimas sPLA2 na produção de eicosanóides permanece indefinido (Lambeau e Gelb, 2008; Boyanovsky e Webb, 2009).

As PLA2s citosólicas (cPLA2) são maiores do que as enzimas sPLA2 (61-114 kDa) e não têm a mesma rede de ligações dissulfureto que as enzimas sPLA2. A primeira cPLA2 foi isolada de neutrófilos e plaquetas em 1986. A lista completa destas enzimas é apresentada no Quadro 1.09. Todas as cPLA2s funcionam através da ação de uma díade serina/ácido aspártico. Todas as cPLA2s (exceto o grupo IVC, GIVC) (Underwood et al., 1998) requerem Ca^{2+} para a atividade, devido à presença de domínios C2 (Ohto et al., 2009; Pickard et al., 1999; Song et al., 1999; Chiba et al., 2004). As diferentes enzimas GIV têm uma especificidade diferencial para ácidos gordos na posição *sn-2*. O grupo IVA (GIVA) é específico para fosfolípidos que contêm ácido araquidónico (Clark et al., 1991), ao passo que o grupo IVB (GIVB) e o GIVC têm menor especificidade (Pickard et al., 1999; Song et al, 1999), o grupo IVD (GIVD) parece ser específico para fosfolípidos que contêm ácido linoleico (Chiba et al., 2004), enquanto o grupo IVE (GIVE) e o grupo IVF (GIVF) hidrolisam fosfolípidos que contêm ácido araquidónico e ácido linoleico (Ohto et al., 2005).

As PLA2s independentes de Ca^{2+} (iPLA2s) incluem seis grupos de tipos diferentes, tais como GVIA, GVIB, GVIC, GVID, GVIE e GVIF PLA2, como se mostra na Tabela 1.10. O termo PLA2 independente de Ca^{2+} é enganador para as enzimas do grupo VIA. Todas as enzimas deste grupo não necessitam de Ca^{2+} para a atividade, mas a enzima GIVC também não necessita de Ca^{2+} para a atividade, mas é colocada no grupo IV das enzimas PLA2 devido à homologia estrutural com outras enzimas GIV (Ghosh et al., 2006). Todas estas enzimas funcionam através de uma serina catalítica no local ativo. Não há especificidade de cadeia de ácidos gordos em nenhuma das enzimas GVI. O inibidor bromoenol lactona (BEL) inibe especificamente a GVIA e a GVIB, mas a inibição é mediada por diferentes enantiómeros (Jenkins et al., 2002). Esta propriedade foi seguida para os estudos centrados em enzimas GVI específicas (Saavedra et al., 2006).

As PAF acetil-hidrolases (PAF-AH) são compostas por dois grupos PLA2 que hidrolisam o grupo acetilo da posição *sn-2* do PAF, como se mostra na Tabela 1.11. A função desta classe de enzimas é de grande interesse devido aos importantes papéis desempenhados pelo PAF no organismo. Todas estas enzimas funcionam através da ação de uma serina catalítica. As acetil-hidrolases do PAF têm uma tríade catalítica Ser-His-Asp que medeia a hidrólise (Tjoelkeret et al., 1995; Tjoelker et al., 1995). Estas enzimas não requerem Ca^{2+} para a sua atividade. A GVIIA PLA2 é uma enzima segregada que também pode hidrolisar ácidos gordos de cadeia curta a partir da posição *sn-2* (Min et al., 1999). Esta enzima não é activada interfacialmente (Min et al., 1995) e é também conhecida como PLA2 associada a lipoproteínas. Os trabalhos recentes identificaram regiões no domínio catalítico importantes para a ligação às moléculas de colesterol HDL e LDL (Gardner et al., 2008). Atualmente, os mecanismos que conferem preferências por HDL e LDL são mal compreendidos. As GVIII PAF acetil-hidrolases são também reguladas através da agregação das subunidades catalítica e reguladora (Manya et al., 1999).

A PLA2 lisossómica é o tipo mais recente; foi purificada a partir do cérebro de bovinos e acilata a ceramida, utilizando o grupo acilo da posição *sn-2* do fosfolípido como substrato (Abe e Shayman, 1998; Hiraoka et al., 2002). Esta enzima contém uma tríade Ser-His-Asp conservada e tem quatro resíduos de cisteína que são necessários para a atividade catalítica (Hiraoka et al., 2005).

Quadro 1.08 Classificação de sPLA2

Grupo	**Fontes**	**Peso molecular (kDa)**	**Pontes de dissulfureto**
IA	Cobras e kraits	13-15	7
IB	Pâncreas humano/porcino	13-15	7
AII	Cascavéis; líquido sinovial humano	13-15	7
IIB	Víbora do Gabão	13-15	6
CII	Testículo de rato/murino	15	8
IID	Humano/murino (pâncreas/baço)	14-15	7
IIE	Humano/murino (cérebro/coração/útero)	14-15	7
IIF	Humano/murino (testículo/embrião)	16-17	6
III	Humano/murino/lagarto/abelha	15-18	8

V	Humano/murino (coração/pulmão)	14	6
IX	Veneno de cobra (conodipina-M)	14	6
X	Baço/timo/leucócitos humanos	14	8
XIA	Rebentos de arroz verde (PLA_2-I)	12.4	6
XIB	Rebentos de arroz verde (PLA_2-II)	12.9	6
XII	Humano/murino	19	7
XIII	Parvovírus	<10	0
XIV	Fungos/bactérias simbióticos	13-19	2

Quadro 1.09 Classificação da cPLA2

Grupo	**Fonte**	**Molecular Massa (kDa)**	**Caraterísticas**	**Nomes alternativos**
IVA	Humano/murino	85	Domínio C2	cPLA2α
IVB	Humano	114	Domínio C2	cPLA2β
IVC	Humano	61	Acilado	$cPLA_2\gamma$
DIV	Humano/murino	92-93	Domínio C2	cPLA2δ
IVE	Murina	100	Domínio C2	cPLA2ε
FIV	Murina	96	Domínio C2	cPLA2ζ

Quadro 1.10 Classificação de iPLA2

Grupo	**Fonte**	**Molecular Massa (kDa)**	**Caraterísticas**	**Nomes alternativos**
VIA-1	Humano/murino	84-85	8 repetições de anquirina	iPLA2
VIA-2	Humano/murino	88-90	7 repetições de anquirina	iPLA2β
VIB	Humano/murino	88-91	Ligado à membrana	iPLA2γ
VIC	Humano/murino	146	Proteína de membrana integral	iPLA2δ, neuropatia
VID	Humano	53	Acilglicerol transacilase, triacilglicerol lipase	iPLA2ε, adiponutrina
VIE	Humano	57	Acilglicerol transacilase , triacilglicerol lipase	iPLA2ζ, TTS-2.2

VIF	Humano	28	Acilglicerol transacilase, triacilglicerol lipase	iPLA2η, GS2

Quadro 1.11 Classificação das PLA2 que apresentam atividade PAF-AH

Grupo	**Fonte**	**Massa molecular (kDa)**	**Caraterísticas**	**Nomes alternativos**
VIIA	Humano, murino, suíno, bovino	45	Hidrolase α/β segregada	PLA_2 associada às lipoproteínas (Lp-PLA2), PAF-AH plasmático
VIIB	Humano, bovino	40	Hidrolase α/β intracelular miristoilada	PAF-AH II
VIIIA	Humano	26	Intracelular, tríade Ser/His/Asp, homodímero ou heterodímero com GVIIIB associa-se à subunidade β reguladora	PAF-AH Ib (subunidade α1)
VIIIB	Humano	26	Intracelular, tríade Ser/His/Asp, homodímero ou heterodímero com GVIIIA associa-se à subunidade β reguladora	PAF-AH Ib (subunidade α2)

Estrutura das isoformas de sPLA2

A estrutura tridimensional das enzimas PLA2 é altamente estabilizada por 5 a 8 ligações dissulfureto e são altamente resistentes à desnaturação. O mecanismo catalítico implica uma interação altamente específica entre os resíduos do sítio ativo, o cofator Ca^{2+}, a molécula de água conservada e o substrato glicerofosfolipídico (Tatulian, 2003) e as sPLA2s pertencem ao grupo I/II/V/X e estão intimamente relacionadas (Figura 1.07), são enzimas secretoras de 14-17 kDa com um sítio catalítico e uma ansa de ligação ao cálcio altamente conservados. Existem seis ligações dissulfureto absolutamente conservadas e duas ligações dissulfureto únicas adicionais. Estas PLA_2 são proteínas compactas que medem aproximadamente 22Â por 30Â por 42Â. Estas enzimas são dependentes de Ca^{2+} , contendo três α-hélices e uma ansa distinta da espinha dorsal Thunnissen et al, 1990).

A sPLA2 IB tem uma extensão única de cinco aminoácidos designada por laço pancreático no meio da molécula, bem como uma ligação dissulfureto específica do grupo I entre Cys11 e Cys77 (Verheij et al., 1981; Seilhammer et al., 1986). Os grupos IIA, IID e IIE são enzimas típicas do grupo II com uma ligação dissulfureto específica entre Cys50 e Cys no terminal C (Ishizaki et al.,1999; Suzuki et al.,2000).

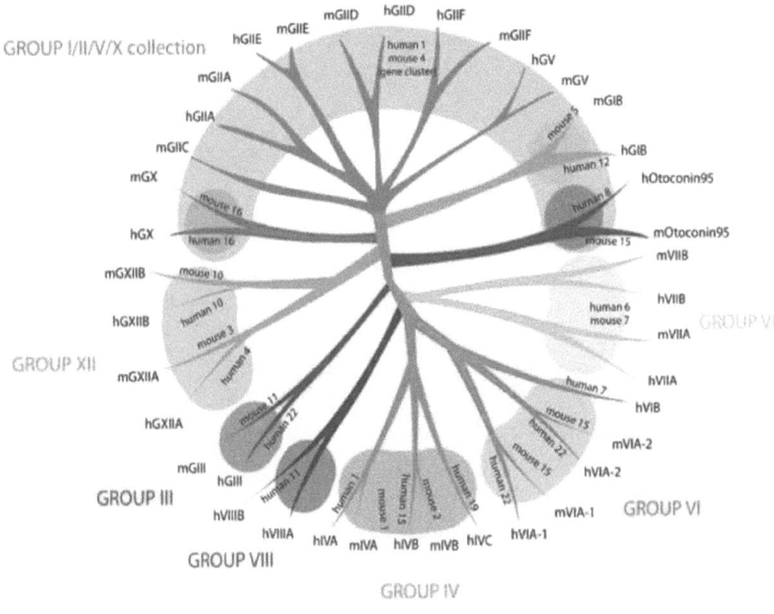

Figura 1.07 Classificação genómica das PLA2s: A classificação dos grupos de genes homólogos dos grupos I/II/V/X PLA2 de humanos e murinos com base na sua distribuição nos loci semelhantes de cromossomas diferentes. Por exemplo, o grupo IIA humano (hGIIA) e o grupo IIA do rato (mGIIA) estão localizados nos mesmos loci dos cromossomas 1 humano e 4 do rato.

A sPLA2-IIC tem um dissulfureto adicional entre Cys87 e Cys93 numa região de laço alargado, enquanto a sPLA2-IIF possui uma extensão terminal C única de 30 aminoácidos (Valentin et al., 2000). O grupo X possui uma ligação dissulfureto específica do grupo I e do grupo II, uma extensão C-terminal específica do grupo

II e um propeptídeo específico do grupo I, ao passo que a sPLA2 do grupo V não possui a ligação dissulfureto específica do grupo I e do grupo II e a extensão C-terminal específica do grupo II. A sPLA2-III e a sPLA2 XII partilham uma homologia com os grupos I/II/V/X apenas na ansa de ligação ao cálcio e são completamente diferentes no resto das estruturas (Figura 1.08). A sPLA2-III é uma proteína invulgarmente grande entre todas as sPLA2s com um peso molecular de 55 kDa (Valentin et al.,2000).

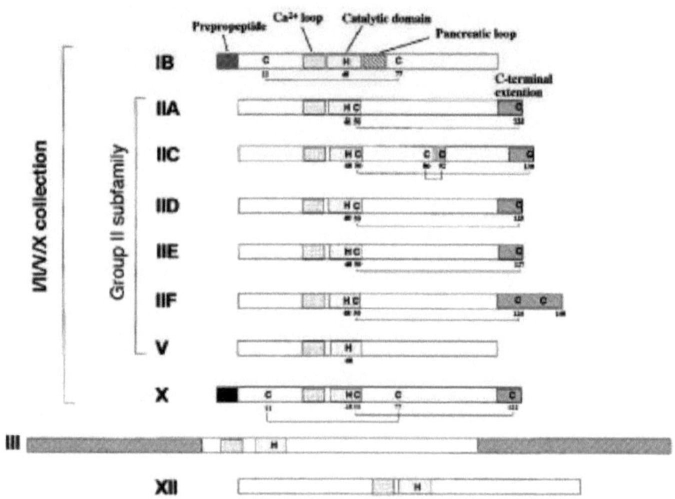

Figura 1.08 Estrutura das isoformas de sPLA2

Catálise e mecanismo

O mecanismo catalítico da PLA2 foi proposto por Verheij et al., (1981), mais tarde claramente explicado por Scott (Kini, 1997). O mecanismo de catálise é apresentado na Figura 1.09. O mecanismo de catálise da sPLA2 foi proposto com base na comparação estrutural com as serino-proteases. A catálise envolve o ataque mediado por uma base geral à ligação séssil com uma molécula de água conservada que serve de nucleófilo. Estudos cristalográficos com análogos do estado de transição e do substrato confirmaram as caraterísticas essenciais desta proposta. O mecanismo aqui descrito pressupõe que o análogo do estado de transição do fosfonato emula o intermediário tetraédrico da esterólise (Scott et al.,

1994).

A catálise da sPLA2 pode ser dividida em quatro fases: ligação do cofator de cálcio e do substrato, geração de ataque mediado por bases ao substrato ligado produtivamente, formação e colapso do intermediário tetraédrico e libertação do produto. Na ausência de substrato, o sítio ativo da enzima contém iões de cálcio coordenados pelos dois átomos de oxigénio do grupo caboxilato da Asp49, três átomos de oxigénio do loop de cálcio e duas moléculas de água conservadas. A catálise começa com a ligação do substrato à enzima, com a transferência de um protão da molécula catalítica para o His48. O grupo hidroxilo liga-se ao átomo de carbono carbonílico polarizado do fosfolípido. No passo seguinte, o protão da His48 é transferido de volta para o átomo de oxigénio do éster do fosfolípido. Isto resulta na quebra da ligação éster e o produto é libertado. Três moléculas de água deslocam-se para o local ativo para libertar o produto.

Papel da sPLA2 na inflamação

Vários estudos registaram um aumento dramático dos níveis de sPLA2-IIA nos fluidos biológicos de doentes com várias doenças inflamatórias. Este facto foi inicialmente demonstrado pelo estudo de Vadas e colaboradores que demonstraram que o choque sético está associado a níveis elevados de sPLA2 no plasma dos doentes (Pruzanski e Vadas, 1991). Mais tarde, foi demonstrado que estão presentes níveis elevados de sPLA2-IIA nos exsudados inflamatórios e no plasma de doentes com doenças como a artrite reumatoide, o choque sético, a síndrome de dificuldade respiratória e a asma (Kudo e Murakami, 2002). A atividade da sPLA2-II foi aumentada nos fluidos de lavagem broncoalveolar dos doentes com síndrome de dificuldade respiratória do adulto (Kim et al.,1995).

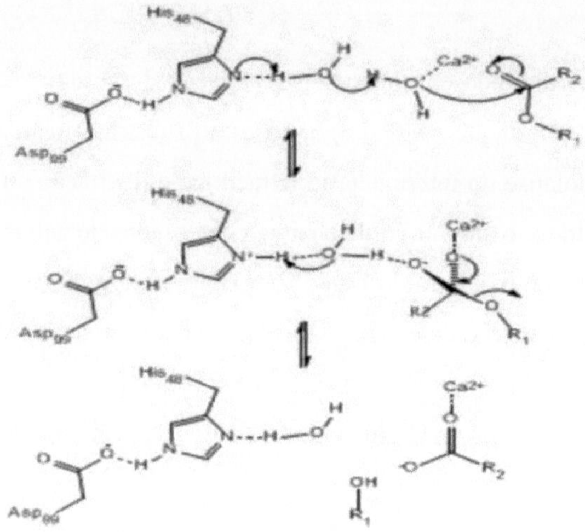

Figura 1.09 Mecanismo catalítico da sPLA2.

O complexo catalítico de estado de transição proposto para a sPLA2 com base em estudos cristalográficos de raios X. O ião Ca^{2+} é uma parte essencial do mecanismo catalítico.

As observações e os dados gerados com reagentes reactivos contra a sPLA2-IIA, incluindo anticorpos, inibidores específicos de pequenas moléculas, ferramentas moleculares (por exemplo, sondas de oligonucleótidos, anti-sentido), bem como estudos que utilizam proteínas recombinantes, fornecem uma forte evidência do envolvimento da sPLA2-IIA nos processos inflamatórios (Mayer e Marshall, 1993; Pfeilschifter, 1991). Por conseguinte, as sPLA2 são os principais responsáveis pela produção excessiva de ácido araquidónico em condições patológicas. Como parte do mecanismo inflamatório, juntamente com as moléculas lipídicas pró-inflamatórias, são também gerados radicais livres. Trata-se de moléculas altamente reactivas que ajudam a combater os agentes patogénicos invasores. Estes radicais livres são prejudiciais se não forem controlados após as reacções inflamatórias e constituem uma preocupação importante nas doenças inflamatórias crónicas.

Radicais livres

O radical livre pode ser definido como uma espécie química, um átomo ou uma molécula que possui um ou mais electrões não emparelhados na sua camada de valência, que é instável, de vida curta e altamente reactiva. Os derivados radicais mais comuns do oxigénio incluem o anião radical superóxido ($O_2^{\cdot -}$), o radical hidroxilo ($OH^{\cdot}$), o peroxilo lipídico ($LO^{\cdot}$), o alcoxilo lipídico ($LOO^{\cdot}$) e o peróxido lipídico (LOOH), bem como os derivados não radicais, como o peróxido de hidrogénio (H_2O_2) e o oxigénio singlete ($^1O_2$), conhecidos coletivamente como ROS. O radical hidroxilo é o mais reativo de entre eles. O mecanismo de defesa para combater os diferentes tipos de radicais livres e a origem *in vivo* dos radicais livres são apresentados a seguir.

Tabela 1.12 Diferentes tipos de radicais livres e o seu sistema de defesa

Tipos de radiação livre	**Sistema de defesa**
Anião superóxido	Superóxido dismutase de manganês (Mn SOD) Cobre-Superóxido dismutase (Cu SOD), Superóxido dismutase de zinco (Zn SOD)
Radicais hidroxilo	Mn SOD, Cu SOD, Zn SOD, Vit-C, Glutatião (GSH), Taurina, Ácido úrico
Radicais peroxilo	Tocoferóis, Ubiquinona
Oxigénio singlete	Carotenoide
Peróxido de hidrogénio	Catalase, Selânio-Glutatião (Se GSH peroxidase, GSH-redutase
Hidroperóxido	Se-GSH peroxidase, GSH-redutase
Metais de transição	Quelantes

Vários factores que causam inflamação induzem o stress oxidativo, por exemplo, a superfície do agente patogénico ou o metal de transição por ele libertado (Figura 1.10). Mais de 70 doenças degenerativas devem-se ao "stress oxidativo". Os radicais livres e o stress oxidativo não são "doenças". De facto, são frequentemente o subproduto de processos celulares normais. No entanto, estão implicados no cancro, nas doenças cardíacas, nos acidentes vasculares cerebrais, na doença de Alzheimer, na doença de Parkinson, no envelhecimento prematuro e em quase todas as doenças debilitantes e degenerativas.

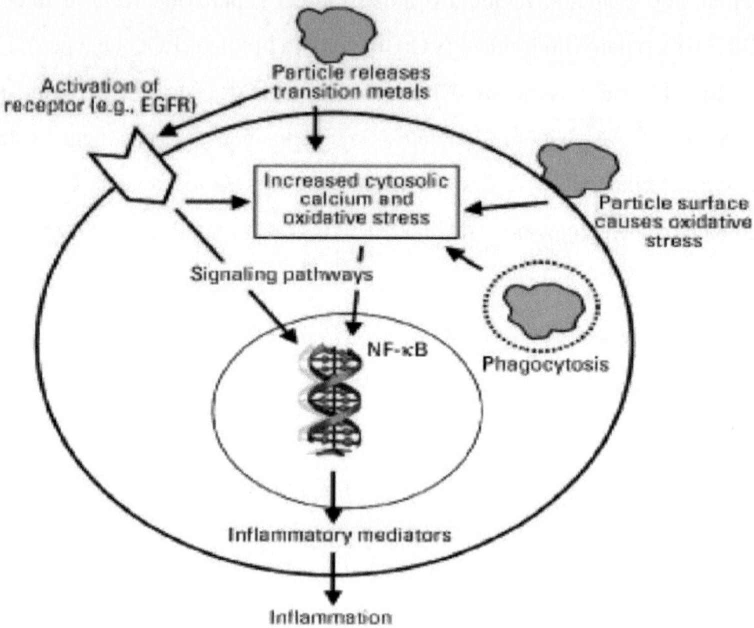

Figura 1.10: Stress oxidativo induzido pela superfície das partículas ou pelos metais de transição através do recetor do fator de crescimento epidérmico (EGFR)

PLA2 e peroxidação lipídica

A peroxidação lipídica é, aparentemente, uma consequência obrigatória da vida na presença de oxigénio. Uma caraterística da inflamação é a peroxidação concomitante de lípidos e a formação de produtos bioactivos da peroxidação lipídica. Os indutores endógenos de radicais livres e as ROS são capazes de iniciar a peroxidação lipídica nas biomembranas. Embora em condições fisiológicas o nível de fosfolípidos modificados oxidativamente nas membranas e lipoproteínas pareça ser eficazmente controlado por vários mecanismos, pode aumentar se a formação de radicais livres derivados do oxigénio e de outros pró-oxidantes exceder a capacidade do sistema de defesa antioxidante. É o que acontece numa série de perturbações inflamatórias e noutras doenças, como a aterosclerose e a asma. A lipoxigenação ou a peroxidação lipídica das biomembranas altera a fluidez da membrana (Mexmain et al., 1984; Hochgraf et al., 1997; Imai et al., 2000), a permeabilidade aos iões, a carga superficial, a propriedade eléctrica passiva (Kuhn et al., 1983), a atividade das enzimas ligadas à membrana (Rapoport et al., 1986) e a sinalização celular (Keller et al., 1998; Uchida et al., 1999). Presume-se que estas alterações sejam um dos factores causais do envelhecimento e de várias doenças degenerativas (Halliwell et al., 1989).

O aumento da atividade da PLA2 contribui para a inflamação através da produção de mediadores derivados do ácido araquidónico e de ROS na via dos eicosanóides. Estes radicais livres aumentam as reacções inflamatórias juntamente com os eicosanóides pró-inflamatórios. Os radicais livres, por sua vez, activam a enzima PLA2 ou podem aumentar a peroxidação lipídica. A enzima PLA2, por sua vez, provoca todas as reacções a jusante, produzindo assim um mar de mediadores inflamatórios, o que pode efetivamente agravar a situação e resultar em inflamação crónica (Figura 1.11). Por conseguinte, a eliminação destes radicais livres, juntamente com a inibição da produção de eicosanóides, é vantajosa no tratamento de doenças anti-inflamatórias. Uma única molécula que tenha tanto antioxidante como inibição da PLA2 é de grande importância terapêutica na conceção de moléculas anti-inflamatórias.

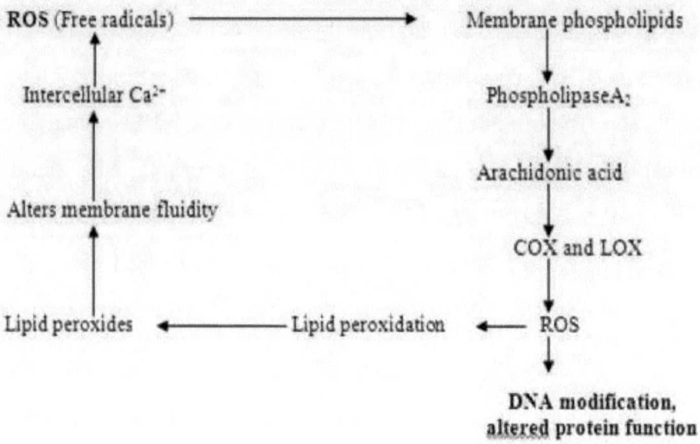

Figure 1.11. Role of PLA$_2$, COX and LOX in generation of ROS and lipid peroxides in eicosanoid pathway

Papel dos antioxidantes na via do araquidonato estimulada pela PLA2

Os potenciais benefícios para a saúde dos antioxidantes nas reacções inflamatórias surgem através da eliminação ou neutralização dos radicais livres gerados durante a via dos eicosanóides. Estes antioxidantes inibem a oxigenação do ácido araquidónico através da eliminação do radical livre centrado no carbono do ácido araquidónico e podem servir como potenciais agentes anti-inflamatórios. Os radicais livres gerados são normalmente eliminados por antioxidantes endógenos. Durante o stress oxidativo, verifica-se que os antioxidantes exógenos sob a forma de dieta ou de preparações medicinais populares destinadas a doenças inflamatórias desempenham um papel importante na redução da concentração destes radicais livres. Sabe-se que estes antioxidantes exógenos actuam como compostos anti-inflamatórios, inibindo as enzimas PLA$_2$, COX ou LOX. Sabe-se também que estes antioxidantes inibem vários outros processos de inflamação, como a degranulação dos mastócitos e a libertação de citocinas como a IL-Iβ e o TNF-α pelas células. Estes antioxidantes podem também atuar diretamente a nível genético, inibindo a síntese de várias enzimas envolvidas na inflamação (Brown, 1980; Higa et al., 2003).

Fitoquímicos

Os fitoquímicos são metabolitos secundários das plantas, que são substâncias químicas não nutritivas com propriedades protectoras ou preventivas de doenças. É bem sabido que as plantas produzem estes metabolitos para se protegerem, mas a investigação recente demonstra que muitos fitoquímicos podem proteger os seres humanos contra doenças. Diz-se que estes metabolitos apresentam semelhanças estruturais com as moléculas intermediárias do metabolismo animal. Por conseguinte, estas moléculas podem interagir de modo semelhante e podem ser responsáveis pelas propriedades farmacológicas desejáveis, como os agentes anti-inflamatórios (Springer, 2001; Robert, 2005; Kim et al., 2004).

Os principais fitoquímicos de legumes, leguminosas, especiarias e plantas medicinais, que são objeto de um estudo aprofundado sobre as suas acções farmacológicas, são os polifenóis (derivados de hidratos de carbono), os terpenos (um grupo de lípidos) e os alcalóides (derivados de aminoácidos). Sabe-se que vários antioxidantes dos fitoquímicos acima referidos actuam como compostos anti-inflamatórios (Brown, 1980; Higa et al., 2003).

Tabela 1.13. As principais classes de compostos fenólicos nas plantas

Número de átomos de carbono	Esqueleto básico	Classe	Exemplos
6	C6	Fenóis simples Benzoquinonas	Catecol, hidroquinona 2,6-imetoxibenzoquinona
7	C6-C1	Ácidos fenólicos	Ácido gálico, ácido salicílico
8	C6-C2	Acetofenonas Derivados da tirosina	Metoxibenzaldeído Tirosol p-hidroxifenilacetato
9	C6-C3	Ácido hidroxicinâmico, Fenilpropeno	Ácido cafeico, ácido ferúlico Miristicina, eugenol

10	C6-C4	Naftoquinonas	Juglone, plumbagina
13	C6-C1-C6	Xantonas	Mangiferina
14	C6-C2-C6	Estilbenos	Resveratrol, Emodin
15	C6-C3-C6	Flavonóides, Isoflavonóides	Quercetina, cianeto, genisteína
18	(C6-C3)2	Lignanas,	Pinoresinol, Eusiderina
30	(C6-C3-C6)2	Biflavonóides	Amentoflavona.

Os flavonóides fazem parte dos principais grupos de compostos polifenólicos, que são compostos C-15 constituídos por dois anéis fenólicos ligados por uma unidade 3-C. A figura 1.12 mostra a estrutura básica e o sistema utilizado para a numeração dos carbonos do núcleo dos flavonóides. As variações estruturais no interior dos anéis subdividem os flavonóides em várias famílias: flavonóis, flavonas, isoflavonas, antocianinas e outras (Quadro 1.13). A glicosilação torna a molécula mais solúvel em água e menos reactiva aos radicais livres. Estes compostos fenólicos actuam como antioxidantes com mecanismos que envolvem tanto a eliminação de radicais livres como a quelação de metais. Possuem uma química estrutural ideal para actividades de eliminação de radicais livres e demonstraram ser antioxidantes mais eficazes *in vitro* do que as vitaminas E e C numa base molar (Rice-Evans et al., 1997). Os flavonóides são de grande interesse em aplicações terapêuticas, devido às suas actividades biológicas versáteis, tais como efeitos anti-inflamatórios, anti-alérgicos, anti-plaquetários, anti-bacterianos e estimulantes do sistema imunitário (Gil et al., 1994; Ferrandiz et al., 1991; Middleton et al., 1992; Tzeng et al., 1991).

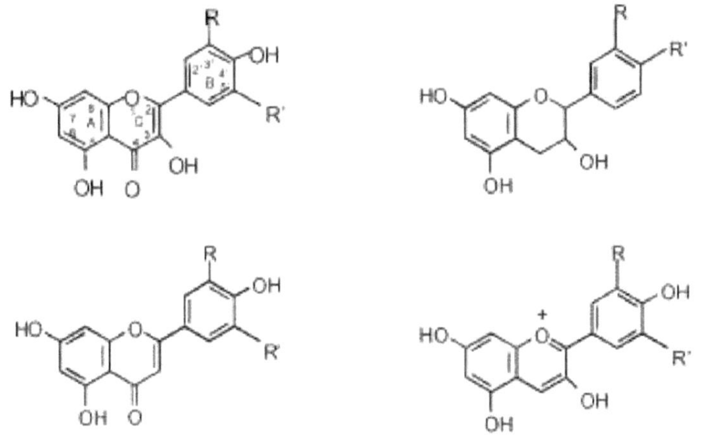

Figura 1.12 Flavonóides (C6-C3-C6), estrutura básica e sistema utilizado para a numeração dos carbonos do núcleo flavonoide

Os terpenos são uma classe de compostos naturais encontrados em plantas superiores, musgos, hepáticas, algas e líquenes, bem como em insectos, micróbios e organismos marinhos. A estrutura dos terpenos é muito variável, uma vez que podem apresentar centenas de esqueletos de carbono diferentes. São classificados de acordo com o número de unidades de isopreno (Figura 1.13) como hemiterpenos, monoterpenos, sesquiterpenos, diterpenos, triterpenos, tetraterpenos e poli-terpenos. Os terpenos actuam como potentes antioxidantes, protegendo os lípidos, o sangue e outros fluidos corporais contra o ataque dos radicais livres, como os radicais hidroxilo, peróxidos e superóxidos. Em particular, as ligações duplas presentes em todos os compostos isoprenóides são necessárias para a desativação física dos ROS. A estrutura de dupla ligação conjugada do isopreno pode extinguir o oxigénio simples, facilitando a transferência de energia e a dissipação de calor (Velikova et al., 2004). Além disso, a presença de grupos hidroxilo em alguns isoprenóides, como os tocoferóis, a zeaxantina e o diterpeno ácido carnósico, é responsável pela desativação química dos ERO (Munne'-Bosch et al., 2002; Munne'-Bosch et al., 2003).

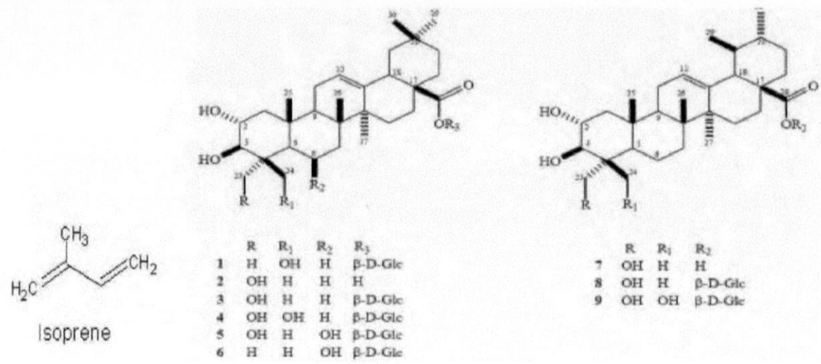

Figura 1.13. Estrutura da unidade isopreno e estrutura básica dos triterpenos

Os alcalóides são os primeiros compostos isolados com atividade biológica. Este facto deve-se à facilidade de isolamento. O azoto geralmente torna o composto básico e o composto existe na planta como um sal. Assim, os alcalóides são frequentemente extraídos com água ou ácido suave e depois recuperados como material cristalino por tratamento com base. São utilizados como inibidores do stress oxidativo. A maioria dos alcalóides é sintetizada a partir de aminoácidos e alguns deles a partir de bases purinas e pirimidinas (pseudo-alcalóides). Entre os alcalóides importantes contam-se os derivados da ornitina (nicotina, nornicotina, cocaína e hioscamina), os derivados da tirosina (dopamina, atropina, berberina, colchicina, morfina e benzilisoquinona) e os derivados do triptofano, também conhecidos como alcalóides indólicos (d-tubocurarina, alcalóides da vinca, rauwolfia, catharanthus). As unidades funcionais que conferem atividade anti-oxidante aos alcalóides derivados de aminoácidos são apresentadas na Figura. 1.14. No que se refere ao mecanismo de ação destes alcalóides, a hipótese é que a presença do grupo aromático -OH pode ser responsável pela sua eficácia antioxidante, à semelhança dos antioxidantes fenólicos. Os alcalóides hidroxilados actuam como potentes eliminadores de radicais peroxilo.

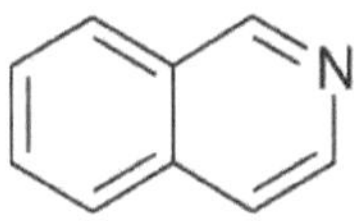

(A)

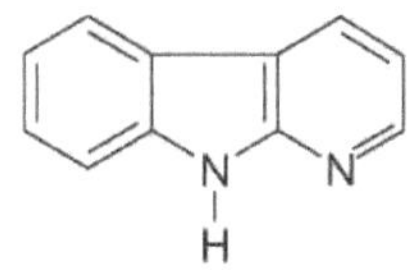

(B)

Figura 1.14 Estrutura básica dos alcalóides.

Isoquinolina (A) e piridoindol (B)

Plantas com atividade anti-inflamatória

Na medicina tradicional indiana e na medicina chinesa, tem sido utilizada uma grande variedade de plantas para curar várias doenças, incluindo doenças inflamatórias. Ainda hoje, a medicina ayurvédica é popular na Índia e está a ser utilizada como medicina alternativa nos países ocidentais. Vários extractos e decocções de materiais vegetais são recomendados para doenças inflamatórias agudas e crónicas. Muitos laboratórios adoptam a inibição da PLA2 como um método geral de rastreio para identificar possíveis compostos anti-inflamatórios. O tratamento medicinal popular inclui a aplicação do fármaco sob a forma de cataplasma nas regiões inflamadas e a administração oral de um extrato líquido. A lista de algumas plantas com propriedades anti-inflamatórias é apresentada no Quadro 1.14.

Destaca-se o papel das plantas botânicas, tais como polissacáridos, terpenos, curcuminóides, alcalóides, etc., no alívio de doenças inflamatórias, incluindo artrite, reumatismo, acne, alergias cutâneas e úlceras. Os produtos químicos que aliviam o inchaço são derivados de plantas como a uva, a boswellia, a curcuma, a garra do diabo e alguns óleos essenciais como o cravinho, o eucalipto, o alecrim, a alfazema, a menta, a mirra, a milfolia e o pinheiro foram patenteados e utilizados como formulações mistas (Darshan e Doreswamy, 2004.

Tabela 1.14. Algumas das principais plantas com propriedades anti-inflamatórias

Plantas	**Referências**
Gerânio (Geranium robertianum)	Amaral et al., 2009

Bowdichia virgilioides	Thomazzi et al., 2009
Uncaria tomentosa	Amaral et al., 2009
Anemarrhena asphodeloides	Kim et al., 2009
Solanum nigrum	Zakaria et al., 2009
Monascus pilosus	Kuo et al., 2009
Boerhaavia diffusa	Manu e Kuttan, 2008
Tripterygium wilfordii	Ma et al., 2007
Achillea millefolium	Benedek e Kopp, 2007
Siegesbeckia pubescens	Park et al., 2007
Camélia sinensis	Nag et al., 2005

Inibidores da fosfolipase A_2

Os metabolitos secundários agrupados em polifenóis, terpenos e alcalóides apresentam inibição da PLA_2. Entre estes compostos, muitos polifenóis e alguns terpenos apresentam simultaneamente inibição da PLA_2 e atividade anti-oxidante. Foi efectuada uma investigação aprofundada com terpenos isolados de esponjas marinhas como inibidores da PLA_2. Os sesquiterpenos que inibiram significativamente a $sPLA_2$ humana incluem a hidroquinona avarol, a avarona, a bolinaquinona, o ácido disidotrónico e a disidenona A (Giannini et al., 2000). Os diterpenos incluem a gracilina A, apliroseóis-1,-5 e -6, norrisolida, dendrilolida A. Os sesterpenos, manoalida (Figura 1.15) e cacospongionolida B (De Rosa et al., 1995) e E (De Rosa et al., 1998), petrosaspongiolidas M, N, P, Q e R, petrosaspongiolidas A-L e luffolida (Kernan et al., 1989).

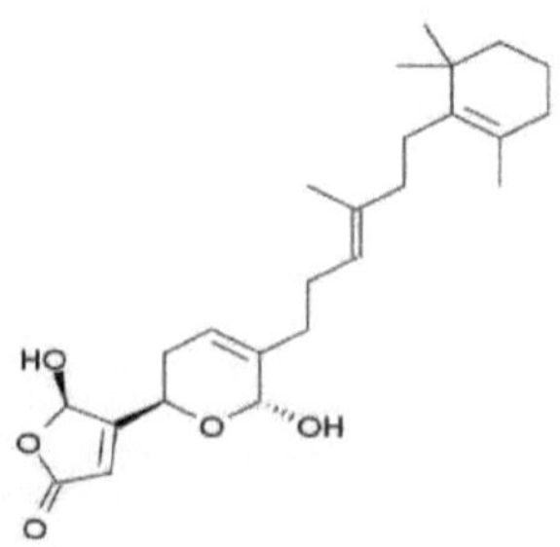

Figura 1.15. A estrutura do inibidor de sPLA2 manoalida

Para além dos terpenos, foram também isolados alguns alcalóides com inibição da PLA2 de esponjas marinhas e plantas. Estes alcalóides de esponjas incluem os alcalóides bis (indoil) imidazol, topsentina e bromotopsentina (Bartik et al., 1987;

Tsujii et al., 1988; Wylie et al., 1995; Wylie et al., 1997), as espongidinas A, B, C, D (De Marino et al, 2000) e os alcalóides vegetais, como o ácido aristolóquico, a ajmalina, a reserpina e a atropina, são amplamente estudados quanto à sua inibição da PLA2 (Vishwanath et al., 1987; Chandra et al., 2002; Singh et al 2006). Os estudos com terpenos de plantas são pouco numerosos. Duas saponinas triterpénicas do tipo oleano, as zanhasaponinas A e B e o ciclitol pinitol isolados do extrato metanólico da casca da raiz de *Zanha africana* (Sapindaceae) foram activos como inibidores da PLA2 (Cuellar et al., 1997).

Existem vários relatórios que demonstram que os flavonóides (Quadro 1.15) são capazes de inibir a atividade da PLA2 (Fawzy et al., 1988; Gil et al., 1994; Chang et al., 1994), a libertação de ácido araquidónico (Lee et al., 1982) e a formação de metabolitos do ácido araquidónico (Gil et al., 1994; Heras et al., 1994). Foi demonstrado que os flavonóides inibem a COX e a LOX, que estão envolvidas na produção de ROS. O primeiro inibidor flavonoide da PLA2 encontrado foi a quercetina, que inibiu a sPLA2 de várias fontes inflamatórias (Lee et al., 1982; Lindahl et al., 1993). Verificou-se que os flavonóis, como o kaempferol, a quercetina e a miricetina, inibem consideravelmente a PLA2 do veneno de *cobra*. Os flavanóis (miricetina, quercetina, kaempferol, kaempferol-3-galactosídeo, fisetina, rutina) são mais potentes do que as flavonas correspondentes (apigenina), devido à presença do grupo 3-OH no anel C. A glicosilação deste grupo, como na rutina, reduz grandemente a capacidade de eliminação do radical. As flavanonas (naringenina, hesperetina) e os flavanonais (taxifolina) são antioxidantes fracos devido à ausência da ligação dupla 2,3. A ausência dos grupos acima referidos diminui a atividade antioxidante, bem como a inibição da PLA2, indicando que estes grupos são necessários para ambas as actividades.

Com base na solubilidade, os anti-oxidantes endógenos são agrupados em anti-oxidantes solúveis em água e solúveis em lípidos. Os anti-oxidantes solúveis em água, como o ácido ascórbico, o ácido úrico, o manitol, a glutationa (oxidada/reduzida), não inibiram a atividade da sPLA2, ao passo que vários antioxidantes lipossolúveis, como a vitamina E e A, a bilirrubina e o ácido α-lipóico, inibiram fortemente a atividade da sPLA2 (Fawzy et al., 1988; Vikas Chandra et al., 2002; Jameel et al., 2005 e 2006). Muitos fitoquímicos com atividade anti-oxidante e inibição da sPLA2 não são facilmente solúveis no meio aquoso, o que indica a natureza hidrofóbica destes anti-oxidantes. Estes resultados sugerem que, para os anti-oxidantes, é essencial algum grau de hidrofobicidade para interagir com a molécula de sPLA2, provavelmente na região hidrofóbica da enzima (Vikas Chandra et al., 2002).

Quadro 1.15 Lista de flavonóides registados como inibidores da PLA2

Sl. Não	Moléculas	Referências
	Flavonóis	
1.	Quercetina	Rice-Evans et al., 1996; Guohua et al., 1997
2.	Kaempferol	Rice-Evans et al., 1996; Guohua et al., 1997
3.	Fisetina	Pier-Giorgio pieta, 2000; Lindahl et al., 1997.
4.	Miricetina	Rice-Evans et al., 1996; Guohua et al., 1997;
	Flavonas	
7.	Apigenina	Rice-Evans et al., 1996; Pier-Giorgio Pieta, 2000
	Flavanonas	
8.	Hesperitina	Rice-Evans et al., 1996; Pier-Giorgio Pieta, 2000.
9.	Naringenina	Rice-Evans et al., 1996; Pier-Giorgio Pieta, 2000.
	Flavan-2-óis	
10.	Catequina	Rice-Evans et al., 1996; Pier-Giorgio pieta, 2000.
	Biflavanóides	
11.	Ochnaflavona	Sam Sik Kang et al., 2005; Chang et al., 1994.
12.	Amentoflavona	Sam Sik Kang et al., 2005; Chang et al., 1994.
13.	Ginkgetin	Sam Sik Kang et al., 2005; Chang et al., 1994.
14.	Morelloflavona	Sanz et al., 1994; Gil et al., 1997.
16.	Quercetagetina	Sam Sik Kang et al., 2005; Gil et al., 1994.
	Isoprenoides	
22.	Retinol	Packer et al., 1995; Fawzy et al., 1988.

23.	Retinolacetato	Packer et al., 1995; Fawzy et al., 1988.
24.	Ácido retinóico	Packer et al., 1995; Fawzy et al., 1988.
	Antioxidantes endógenos	
25.	Bilirrubina	Yamaguchi et al., 1995; Yamaguchi et al., 1996.
26.	Ácido α-lipóico	Packer et al., 1995.
27.	Vitamina A	Fawzy et al., 1988.
28.	Vitamina E	Vikas Chandra et al., 2002.

Todas as classes estruturais destes inibidores, com exceção de algumas, não são suficientemente potentes para serem utilizadas como inibidores fiáveis da sPLA2 em estudos com células de mamíferos ou animais, porque a adição de concentrações micromolares e superiores de agentes às células conduz frequentemente a efeitos fora do alvo. Além disso, a utilização de concentrações de inibidores comparáveis à concentração de substrato no ensaio sPLA2 é problemática para as enzimas interfaciais (Gelb et al., 1994; Gelb, 1995). Também são problemáticas as utilizações dos produtos naturais marinhos manoalide e scalaradial, que foram relatados como inactivando irreversivelmente as sPLA2s *in vitro* (Glaser et al., 1989; de Carvalho e Jacobs, 1991). Estudos mecanicistas mostram que estes compostos modificam covalentemente múltiplos resíduos de lisina encontrados na superfície de muitas sPLA2s diferentes. Assim, é altamente provável que estes compostos inactivem várias classes diferentes de enzimas nas células. Apesar destas preocupações, estes inibidores de baixa potência e inactivadores altamente reactivos continuam a ser referidos em muitas publicações como prova do envolvimento da sPLA2 nos processos celulares. Estes estudos devem ser reexaminados utilizando inibidores específicos e potentes da sPLA2.

Inibidores da PLA2 em estudos clínicos

Na última década, foram descritos entre 40 e 50 inibidores da sPLA2, e a lista está a aumentar. No entanto, destes, poucos têm potencial para o sucesso clínico e os que têm são predominantemente inibidores dirigidos ao local ativo, por exemplo,

BMS-181162, LY311727, ARL-67974, FPL67047, SB-203347, Ro-23-9358, YM-26734 e IS-741. Foram sintetizados análogos simplificados do YM-26734, que também demonstraram uma inibição potente a concentrações nanomolares (Figura 1.16). Muitas empresas aumentaram os seus esforços na área da PLA2; a Eli Lilly e a Shionogi continuam a desenvolver o LY-315920 e o PIP-18 como tratamento potencial para a sépsis e outras doenças que têm um componente inflamatório (Thwin et al., 2007; Thwin et al., 2009). Há mais de uma década que se encontram disponíveis muitos inibidores potentes, biodisponíveis e selectivos do grupo IIA da sPLA2 humana, os quais, em numerosos estudos que envolveram modelos animais de doenças inflamatórias, forneceram um apoio convincente a um papel causal do grupo IIA da sPLA2.

Apesar da grande variedade de inibidores da PLA2, apenas alguns inibidores estão a ser submetidos a ensaios clínicos para poderem ser utilizados como agentes anti-inflamatórios tão potentes como os medicamentos esteróides. Nos ensaios clínicos, os inibidores da PLA2 de fontes naturais (vegetais/animais) e as moléculas sintéticas estão a ser examinados a vários níveis para serem lançados no mercado como medicamentos anti-inflamatórios. Um dos inibidores conhecidos em ensaios clínicos, o varespladib (A 002), mostrou-se promissor num ensaio de fase 2 em doentes com doença coronária estável, sem qualquer evidência de efeitos adversos (Rosenson et al., 2009). Está também a ser estudado em doentes com síndrome coronária aguda (SCA). Outro inibidor da sPLA2 em desenvolvimento é o darapladib (McCullough PA, 2009) e estes dois inibidores específicos do tipo em fase inicial de desenvolvimento clínico mostram uma redução promissora dos biomarcadores e dos efeitos nos pontos finais de substituição, encorajando uma investigação mais aprofundada sobre se podem reduzir os eventos de doença cardiovascular sem toxicidade.

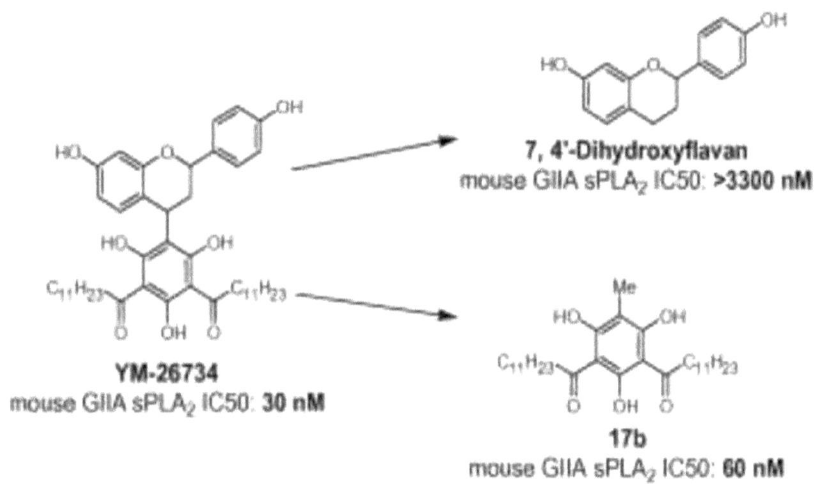

Figura-1.16. A modelação do YM-26734 levou à conceção e síntese de análogos simplificados que mantêm uma potência nanomolar.

Nós, o departamento de Bioquímica da Universidade de Mysore, Índia, as moléculas como o ácido ursólico, o pongamol, a mangiferina, o ácido elágico, o ácido oleanólico e a genisteína (Nataraju et al., 2007; Nanda et al., 2007; Dharmappa et al., 2009a & 2009b) são identificadas como inibidores da sPLA2 com atividade antioxidante. No contexto atual, foram feitas tentativas contra a inflamação com base na importância etnofarmacológica, visando a sPLA2, a enzima-chave. Nesta tese, algumas das plantas medicinais e leguminosas importantes foram selecionadas para estudos enzimáticos e farmacológicos. Foram selecionadas para inibição da sPLA2 e as principais moléculas destas plantas foram testadas para inibição da sPLA2, de modo a poderem ser moléculas potentes para desenvolver moléculas anti-inflamatórias.

CAPÍTULO - II

MATERIAIS E MÉTODOS

MATERIAIS

O ácido ^{14}C-oleico foi obtido da Perkin Elmer Life Sciences Inc., Boston, MA, EUA. Boston, MA, EUA. A fração V de albumina de soro bovino (BSA) isenta de ácidos gordos foi adquirida aos PAA Laboratories, GmbH Haidmannweg, Áustria. O ágar-ágar, o extrato de carne de bovino, a peptona e a lactose foram obtidos de Himedia Laboratories Private Limited, Mumbai, Índia. O cocktail de cintilação (Ultima Gold) foi obtido da Packard Bioscience, EUA. *Escherichia coli* [células liofilizadas da estirpe W (ATCC 9637)], Sephadex G-75, Sephadex G-50, Sephadex G-25, CM-Sephadex C-25, radical difenil picril hidrazil (DPPH·), o ácido tiobarbitúrico, o ácido trifluoroacético (TFA), o acetonitrilo, o ácido gálico, o dimetilsulfóxido (DMSO), o ácido oleanólico e a genisteína foram adquiridos à Sigma-Aldrich Chemical Laboratories, St. Louis, MO, EUA. O líquido pleural humano foi obtido do Princes Krishna Jammanni Tuberculosis (PKTB) e do ChestDiseaseHospital, Mysore, e o líquido sinovial foi obtido da Clínica Ortopédica do Dr. Hegde, Mysore, Índia. As amostras de sangue para a atividade hemolítica indireta foram obtidas de voluntários saudáveis do Departamento de Estudos em Bioquímica da Universidade de Mysore, Mysore, Índia. Todos os outros produtos químicos e reagentes utilizados neste estudo eram de qualidade analítica ou superior. Os solventes foram redestilados antes da utilização.

Materiais vegetais

As plantas *Aegle mermelos, Ailanthus excelsa, Boerhaavia diffusa, Clerodendron indicum, Clerodendron phlomides, Clerodendron serratum, Gmelina arborea* e *Oroxylum indicum* foram colhidas em "Chandravana", um jardim de plantas medicinais mantido pelo Ayurvedic College Mysore, Índia. Estas plantas foram autenticadas com a ajuda do botânico Prof. G. R. Shivamurthy. Os espécimes foram depositados no herbário, Departamento de Estudos de Botânica, Universidade de Mysore, Índia. As leguminosas, nomeadamente *Cicer arietinum*,

Cajanus cajan, *Macrotyloma uniflorum*, *Glycine max*, *Pisum sativam*, *Vigna radiate*, *Vigna unguiculata* e *Phaseolus mungowere*, *foram* adquiridas numa loja local, em Mysore, na Índia. Todas as amostras foram lavadas e secas sob luz solar suave. Um quilograma de cada amostra seca foi pulverizado, peneirado e armazenado em frascos castanhos até à sua posterior utilização.

Veneno

O pó liofilizado dos venenos das serpentes *Naja naja* e *Vipera russellii* foi adquirido na HindustanPark, Calcutá, Índia, e na Irula Co-operative Society Ltd, Chennai, Índia, respetivamente.

Animais

Os ratinhos e ratos albinos suíços, com um peso de 20-25 g e 150-200 g, foram obtidos no Biotério Central, Departamento de Estudos em Zoologia, Universidade de Mysore, Mysore, Índia. Os cuidados e o manuseamento dos animais foram efectuados em conformidade com os regulamentos nacionais relativos à investigação animal. As experiências com animais foram realizadas após a revisão dos protocolos pelo Comité de Ética Animal da Universidade de Mysore, Mysore, Índia.

MÉTODOS

1. Preparação de substrato *de E. coli* marcado com ^{14}C-oleato

O substrato *de E. coli* marcado com ^{14}C-oleato foi preparado de acordo com o protocolo publicado por Patriarca et al. (1972). Foi colhida uma única colónia de *E. coli* para preparar uma minicultura utilizando 10 ml de meio LB. A cultura foi cultivada durante a noite a 37 °C num banho de água rotativo com rpm de 90 a 37 °C. Esta minicultura foi diluída 100 vezes com meio LB e continuou a incubação. O crescimento das bactérias foi monitorizado através da medição da absorvância da cultura. Uma absorvância de 0,6 - 0,9 a 520nm indica que as bactérias estão na fase logarítmica do seu crescimento. Estas células foram colhidas por centrifugação a *1500g* durante 5min. O pellet de células foi ressuspendido em 100 ml de meio LB. Num frasco cónico separado, evaporou-se 125 μCi de ^{14}C-oleato e ressuspendeu-se em 5 ml de BSA isento de ácidos gordos a 20%. A cultura de *E. coli* preparada foi misturada com ^{14}C-oleato e continuou a incubação a 37 °C num banho-maria com agitação rotativa durante 4 horas a 90 rpm. As *E. coli* marcadas foram lavadas 3-4 vezes com tampão fosfato salino (PBS) e autoclavadas para inativar a atividade endógena da PLA2. As células de *E. coli* marcadas foram diluídas com PBS e as células *de E. coli* frias foram preparadas de forma semelhante para obter 10 000 cpm em 30 μl de amostra diluída. Esta preparação foi utilizada posteriormente como substrato para a atividade da enzima PLA2.

2. *Purificação da sPLA2 do veneno de V. russellii*

A sPLA2 do veneno *de V. russellii* foi purificada até à homogeneidade, tal como descrito por Sathish (2004), método modificado de Kasturi e Gowda (1989). Resumidamente, o veneno *de V. russellii* (110 mg) foi fraccionado numa coluna Sephadex G-75 (1,5 x 110 cm) utilizando um tampão fosfato 0,05 M com pH 7,0. O veneno foi resolvido em três fracções. A segunda fração, que constitui cerca de 30 % do total de proteínas carregadas, apresentou atividade de PLA2. Esta fração de PLA2 foi liofilizada e submetida a cromatografia em coluna CM Sephadex-C-25 (2,5 x 20 cm). As fracções foram eluídas gradualmente utilizando tampões de fosfato de diferentes molaridades e pH (0,05 M - 0,2 M, pH 7,0 - pH 8,0). Foram resolvidas em duas fracções rotuladas como V e VIII, respetivamente. As duas fracções acima eluídas são semelhantes às fracções V e VIII do perfil proteico de Kasturi e Gowda, (1989). As fracções V e VIII liofilizadas foram em seguida submetidas a cromatografia em coluna Sephadex G-50 (1,0 X 40 cm) e eluídas com tampão fosfato 0,05 M, pH 7,0. Ambos os picos eram homogéneos e revelaram atividade de PLA2. A homogeneidade foi verificada por SDS-PAGE (Laemmli, 1970) e RP-HPLC.

3. *Purificação da sPLA2 do veneno de N. naja*

A sPLA2 do veneno *de N. naja* foi purificada até à homogeneidade, tal como descrito por Basavarajappa (1992). Resumidamente, o veneno *de N. naja* (110 mg) foi fraccionado numa coluna CM-Sefadex C-25 (1,4 x 120 cm) utilizando um tampão fosfato de diferentes molaridades (0,02 - 0,4) e pH (7,0 - 8,5). Esta foi eluída em treze fracções principais. A fração NN-I-PLA2 foi escolhida para posterior purificação. A fração liofilizada NN-I-PLA2 (25 mg) foi recromatografada na coluna CM- Sephadex C-25 (1,6 X 30 cm), que foi previamente equilibrada com tampão fosfato 0,1 M, pH 7,0. A proteína foi eluída utilizando tampões fosfatados de 0,1 M, pH 7,0 e 0,15 M, pH 7,5, respetivamente. Estas duas fracções foram dissolvidas separadamente em NaCl 0,1 M e carregadas na coluna Sephadex G-50 (1,4 X 92 cm), que foi previamente equilibrada com NaCl 0,1 M e eluída com o mesmo solvente. Ambos os picos eram homogéneos e revelaram atividade de PLA2. A homogeneidade foi verificada por SDS-PAGE (Laemmli, 1970) e RP-HPLC.

4. *Purificação de sPLA2 de fluidos inflamatórios humanos*

O fluido pleural humano (HPF) e o fluido sinovial humano (HSF) foram obtidos do hospital PKTB e da Clínica Ortopédica, Mysore, Índia, respetivamente. A sPLA2 destes fluidos inflamatórios foi purificada pelo método de modificação previamente descrito por Stefanski et al., (1986). Resumidamente, o líquido pleural foi centrifugado a 1.000 x *g* durante 15 minutos para sedimentar células e detritos. O sobrenadante foi misturado com igual volume de H_2SO_4 0,36 N gelado. A mistura turva foi agitada a 4 °C durante a noite. Após centrifugação a 7.500 x *g*, o sobrenadante foi dialisado contra tampão de acetato de sódio 10 mM, pH 4,5 e o dialisado foi centrifugado a 7.500 x *g* durante 5 min. O sobrenadante foi incubado a 80 °C durante 5 min e centrifugado para produzir um sobrenadante enriquecido em atividade de sPLA2. O procedimento acima foi repetido várias vezes para obter uma quantidade considerável de fonte enriquecida em sPLA2, que foi liofilizada e armazenada. Este pó liofilizado foi dissolvido em tampão de acetato de sódio 0,5 M, pH 5,0, e aplicado a CM Sephadex C-50, que tinha sido pré-equilibrado com o mesmo tampão. A coluna foi eluída de forma descontínua com tampão acetato de sódio 0,5 M, pH 5,0; NaCl 0,3 M em Tris-HCl 0,2 M, pH 8,5; e NaCl 3 M em tampão Tris-HCl 0,2 M, pH 8,5. A PLA2 foi eluída neste último tampão. As fracções com atividade de PLA2 foram agrupadas, dialisadas contra tampão Tris-HCl 0,05 M, pH 8,0 e liofilizadas. O resíduo liofilizado foi dissolvido em Tris-HCl 0,05 M, pH 7,5. Esta fração de PLA2 foi passada através de uma coluna Sephadex G-75 com tampão Tris-HCl 10 mM, pH 7,5. O pico proteico com atividade de PLA2 da coluna Sephadex G-75 foi posteriormente verificado quanto à sua pureza em SDS-PAGE. Este pico foi resolvido em duas bandas de proteínas em SDS-PAGE a 12,5 %. Ambas as bandas mostraram atividade de PLA2 após a electroeluição. As fracções com atividade de PLA2 foram agrupadas, liofilizadas e utilizadas como sPLA2 purificada do líquido pleural (GIIA). Seguiu-se um procedimento semelhante para a purificação de sPLA2 do líquido sinovial recolhido de doentes com artrite.

5. SDS-PAGE

A SDS-PAGE foi efectuada de acordo com o método de Laemmli, (1970). A homogeneidade das amostras de sPLA2 purificadas foi verificada utilizando um gel de resolução de 12,5 %. As bandas proteicas foram visualizadas através da coloração do gel com 0,25 % de Coomassie brilliant blue R-250.

6. Cromatografia líquida de alta eficiência de fase reversa (RP-HPLC).

A PLA2 purificada do veneno de *V. russellii* e de *N. naja* foi submetida a RP-HPLC numa coluna Vydac C_{18} (250 x 4,6 mm, 300 A° de tamanho de poro) num sistema Shimadzu LC-10 AVP com detetor de duplo comprimento de onda. A coluna foi equilibrada com 0,1 % de ácido trifluoroacético (TFA) e eluída utilizando um gradiente linear de 70 % de acetonitrilo contendo 0,1 % de TFA a um caudal de 1 ml/min. O perfil de eluição foi monitorizado através da medição da absorvância a 280 nm.

7. Estimativa de proteínas

O teor proteico de todas as amostras foi determinado pelo método de Lowry et al.

(1951), utilizando BSA como padrão proteico. Tomaram-se alíquotas de 0 - 1 ml de BSA padrão em tubos de ensaio limpos e secos e adicionaram-se 5 ml de reagente de Lowry (98 ml de corbonato de sódio a 4 % + 1 ml de sulfato de cobre a 2 % + 1 ml de tartarato de potássio e sódio a 2 %). Após 15 minutos, adicionou-se 0,5 ml de reagente fenólico de Folin e Ciocalteu (1:1 diluído em água) e deixou-se em repouso durante 30 minutos. A DO foi medida a 660 nm.

8. Ensaio da fosfolipase A2

A atividade da PLA2 foi medida utilizando *E. coli* autoclavada marcada com ^{14}C-oleato (Patriarca et al., 1972; Vishwanath et al., 1993). A mistura de reação de 350 μl continha 100mM de tampão Tris-HCl pH 7,4, 5mM de cálcio e 3,18 x 10^9 células *de E. coli* autoclavadas (corresponde a 10.000 cpm e 60 nmole de fósforo lipídico). Os componentes da reação foram misturados pela seguinte ordem: tampão, cálcio, enzima e água. A reação foi iniciada pela adição de 30 μl de substrato *de E. coli* e incubada a 37 °C durante 60 min. A reação foi terminada com a adição de 100 μl de HCl 2 N e 100 μl de BSA sem ácidos gordos (100 gm/L) para reter os ácidos gordos livres libertados. Os tubos foram agitados em vórtice e centrifugados a 20 000 *g* durante 5 minutos. Uma alíquota (140μl) do sobrenadante contendo o ácido ^{14}C-oleico libertado foi misturada com o cocktail de cintilação (Ultima Gold, Packard Bioscience, EUA) e a radiação ^{14}C foi medida no analisador de cintilação Packard. A atividade enzimática é expressa em nmole de ácido gordo livre libertado min^{-1}, mg^{-1} de proteína a 37 °C.

9. Inibição da atividade da PLA2

Os inibidores foram dissolvidos numa quantidade mínima de DMSO e, posteriormente, o volume foi completado até à concentração desejada com PBS ou tampão Tris-HCl. A solução de ácido oleanólico e genisteína foi preparada dissolvendo 1 mg num volume muito pequeno de DMSO (30μl) e completando o volume até 1ml com tampão Tris-HCl 100mM (pH 7,4). A inibição foi efectuada com as concentrações indicadas de inibidores para as enzimas HSF, HPF, VRV-V-PLA2 e NN-I-PLA2. A quantidade de enzima foi escolhida de modo a permitir uma hidrólise de 60-70 % do substrato por ensaio dependente da concentração a 37 ^{0}C durante 60 minutos. A concentração IC_{50} foi calculada utilizando o software Graphpad versão 5.0 USA. O ácido ursólico é um inibidor bem conhecido da sPLA2 e foi utilizado como controlo positivo. As experiências de controlo foram realizadas com DMSO (a concentração mais elevada de DMSO utilizada foi de 0,022 %).

10. Efeito da concentração de substrato na inibição da sPLA2

A mistura de reação de 350 µl contendo VRV-V-PLA_2 isoladamente ou com concentração IC_{50} de inibidores em tampão Tri-HCl 100 mM, pH 7,4 e 5 mM de cálcio foi utilizada para o ensaio de PLA2. A adição de várias concentrações de substrato (20-120 nmoles) iniciou a reação e o ensaio foi efectuado como descrito acima.

11. Efeito da concentração de cálcio na inibição da sPLA2

Foi tomada a mistura de reação de 350 µl contendo VRV-V-PLA_2 isoladamente ou com concentração IC_{50} de inibidor em tampão Tri-HCl 100 mM pH 7,4. Foi adicionada uma concentração de cálcio de 2,5 - 15 mM à mistura de ensaio de PLA2. A reação foi iniciada com a adição de 30 µl de substrato e o ensaio foi realizado como descrito acima.

12. Determinação das caraterísticas de ligação e da reversibilidade da inibição da PLA2

As misturas de reação contendo uma concentração conhecida de enzimas sPLA2 com a respectiva concentração IC_{50} de extractos/inibidores foram pré-incubadas juntamente com tampão Tris-HCl 100 mM, pH 7,4 e cálcio 5 mM durante 15 minutos. Uma alíquota destas misturas foi testada quanto à atividade da PLA2 antes da diálise. A mistura restante foi dialisada contra 2 L de tampão Tris-HCl 100 mM, pH 7,4 a 4 °C em tubos de diálise (MW cutoff 3.000- 6.000) durante 24 horas com duas mudanças de tampão. Após a diálise, foi recolhida a mesma concentração da proteína e a atividade da PLA2 foi analisada como descrito acima.

13. Estudo de interação por fluorescência intrínseca

A intensidade de fluorescência intrínseca relativa de VRV-V-PLA2 e NN-I-PLA2 com e sem inibidores foi monitorizada com o espectrofluorímetro Shimadzu. Uma mistura de reação de 2,0 ml em cuvete de quartzo de 1 cm de comprimento de caminho continha tampão Tris HCl 100 mM (pH 7,4), 5 mM de cálcio, sPLA $_2$ (20μg/ml) e várias concentrações de (0,02 a 0,12 μM) de inibidor. Os espectros de fluorescência foram medidos entre 300 e 370 nm após excitação a 280 nm. A extinção não específica do espetro devido à absorção interna e filtração por inibidores foi corrigida empiricamente usando um padrão de triptofano.

14. Estudo de dicroísmo circular

Os espectros de UV-CD foram obtidos na ausência ou na presença da concentração IC50 do inibidor utilizando o espectropolarímetro Jasco J715 a uma concentração de sPLA2 de 30μg/ml em tampão Tris-HCl 100 mM (pH 7,4) contendo 5 mM de cálcio. Os espectros foram registados à temperatura ambiente entre 200 - 250 nm utilizando uma cuvete de quartzo com um comprimento de percurso de 1 cm. A largura de banda foi de 1 nm e o tempo de resposta foi de 2s. O espetro final é cumulativo de dez varrimentos. Os espectros das proteínas foram corrigidos subtraindo uma solução em branco contendo 100 mM de tampão Tris-HCl (pH 7,4) e 5 mM de cálcio. Os cálculos da estrutura secundária a partir dos espectros de CD obtidos foram determinados utilizando o software K2D2.

15. Neutralização da atividade hemolítica indireta

O ensaio hemolítico indireto foi realizado conforme descrito por Boman e Kaletta (1957). O substrato para o ensaio hemolítico indireto foi preparado suspendendo 1 ml de hemácias humanas frescas embaladas e 1 ml de gema de ovo de galinha fresca em 8 ml de PBS. Os extractos e inibidores foram pré-incubados com 30 μg de VRV-V-PLA2 durante 30 minutos a 37°C. A esta amostra pré-incubada foi adicionado 1 ml de substrato e deixou-se reagir durante 45 minutos a 37 °C. A reação foi interrompida pela adição de 9 ml de PBS gelado. A suspensão foi misturada e centrifugada a 1.500 *g* durante 20 minutos. A hemoglobina libertada foi lida a 530 nm. A amostra com veneno isolado serviu como controlo positivo.

16. Neutralização da atividade indutora de edema

Seguiu-se o procedimento de Yamakawa et al. (1976), modificado por Vishwanath et al. (1987). Os ratos com um peso de 20-25 g foram injectados com 5 μg de enzima VRV-V-PLA2 isolada ou misturada com diferentes concentrações de extractos/inibidores (ácido oleanólico e genisteína) num volume total de 20 μl de solução salina na superfície intra-plantar das patas traseiras direitas. As respectivas patas esquerdas receberam 20 μl de solução salina ou veículo e serviram de controlo. Após 45 minutos, os ratos foram sacrificados após anestesia (pentobarbitona, 30 mg / kg, i.p.) e ambos os membros posteriores foram removidos na articulação do tornozelo e pesados individualmente. O aumento de peso devido ao edema é expresso como a razão entre o peso do membro edematoso e o peso do membro normal (injeção simulada) × 100. O aumento percentual do controlo injetado com a simulação em comparação com o membro não injetado é de 117 ± 4.

17. Extração de plantas medicinais

O pó pulverizado de cada planta (100 g) foi extraído em éter de petróleo durante 24 horas, seguido de etanol a 95 % (60-80 °C durante 72 horas) utilizando o aparelho Soxhlet na proporção de 100g / 750 ml (p/v). Toda a amostra obtida foi centrifugada a 6 000 x *g* durante 30 minutos e o etanol no sobrenadante foi removido por evaporação rotativa no vácuo (Heidolph, HB digit, Q-01). Os extractos obtidos foram armazenados em exsicadores a vácuo à temperatura ambiente. Para estudos posteriores, os extractos foram dissolvidos numa quantidade mínima de DMSO e diluídos com solução salina tamponada com fosfato (PBS).

18. Extração de leguminosas

Cada pó (25 g) de leguminosas (semente) foi colocado em 150 ml de tampão fosfato 10 mM (pH 7,0) e mantido num agitador magnético a frio durante 4 h. Os extractos foram centrifugados a 5 000 x *g* durante 10 min e filtrados em papel de filtro Whatman n.º 1. O resíduo obtido foi re-extraído pelo mesmo procedimento. As amostras extraídas foram agrupadas separadamente e liofilizadas em pó. O rendimento foi calculado e expresso em % p/p. Para estudos posteriores, os extractos foram dissolvidos numa quantidade mínima de DMSO e diluídos com solução salina tamponada com fosfato (PBS).

19. Extração de plantas medicinais e leguminosas com diferentes solventes

Os pós de *M. uniflorum, G. max, C. seratum* e *B. difussa* foram submetidos a extração por Soxhlet. O pó (75 g) de cada fonte foi embalado em papel de filtro Whatman n.º 1 e extraído sequencialmente utilizando solventes com polaridade crescente, tais como hexano, benzeno, clorofórmio, acetona, etanol, metanol e água, na proporção de 75g / 500ml (p/v). Os extractos de solventes orgânicos foram concentrados em pó sob vácuo a 40 °C e a amostra de água foi reduzida a pó por liofilização. O rendimento foi calculado e expresso em % w/w.

20. Determinação dos fenólicos totais pelo ensaio de Folin-Ciocalteau

A concentração de fenólicos totais nos extractos de plantas leguminosas e medicinais foi determinada pelo método de Singleton, (1999) com uma ligeira modificação. Os extractos foram tomados a uma concentração de 100 µg pelo seu peso seco e misturados com 500 µl de carbonato de sódio a 5 %, foram adicionados 250 µl de reagente FC (1:1 diluído com água), bem misturados e incubados à temperatura ambiente durante 1 hora. Após a incubação, a absorvância foi medida a 725 nm utilizando um espetrofotómetro Shimadzu 1601A. Os teores fenólicos dos extractos foram determinados a partir da curva de calibração gerada com ácido gálico e a concentração foi expressa em equivalentes de ácido gálico (GAE/100 g).

21. Atividade antioxidante pelo método DPPH

A atividade antioxidante dos extractos de leguminosas e de plantas medicinais foi determinada utilizando o radical 2,2-Difenil-1-picrilhidrazil (DPPH·) tal como descrito por Blios, (1958). A redução do radical DPPH· por um antioxidante resulta na perda de absorção a 517 nm. Assim, o grau de descoloração da solução indica a eficiência de eliminação das substâncias adicionadas. Os extractos de leguminosas e de plantas medicinais foram tomados a uma concentração de 100 µg pelo seu peso seco e misturados com 5 ml de solução metanólica 0,1 mM de DPPH·e incubados a 20 ^{0}C durante 20 min no escuro. O controlo foi preparado como acima, sem qualquer extrato, e o metanol foi utilizado para a correção da linha de base. As alterações na absorvância das amostras foram medidas a 517 nm. A atividade de eliminação de radicais foi expressa como atividade percentual utilizando a seguinte fórmula.

% de atividade de eliminação de radicais = [(absorvância do controlo - absorvância da amostra)/ (absorvância do controlo)] X 100.

Em que a absorvância de controlo é a medição da solução de DPPH$^{(\cdot)}$sem extrato e a absorvância da amostra é a medição da solução de DPPH· com extrato. Foi gerada uma curva linear traçando a % de atividade de eliminação de radicais em função da concentração do extrato de leguminosas. Com esta curva linear, o IC50 foi calculado para o extrato/inibidor utilizando o gráfico disperso XY. O valor IC50 é a concentração de extrato/inibidor necessária para eliminar 50 % do radical DPPH·. A atividade antioxidante foi comparada com outras moléculas conhecidas, como o hidroxilo butilado anisol (BHA), o ácido gálico (GA), o ácido clorogénico (CA), o ácido ferúlico (FA) e a glutationa reduzida (GSH), respetivamente, a uma concentração de 25 µM.

22. Atividade antioxidante pelo método TBA

A atividade antioxidante dos extractos/inibidores foi realizada utilizando ácido tiobarbitúrico (TBA) de acordo com o protocolo de Halliwell e Gutteridge, (1989). A peroxidação lipídica induzida por cloreto férrico resultou na produção de malondialdeído (MDA), peróxido lipídico. O TBA reage com o MDA para formar um diaduto, um cromogénio cor-de-rosa, que pode ser detectado espectrofotometricamente a 532 nm.

23. *Preparação do homogenato de fígado de rato para a peroxidação lipídica*

Os animais utilizados foram ratos albinos normais da estirpe Swiss Wister. O fígado perfundido destes ratos foi isolado e foi preparado um homogenato a 10 % (p/v) utilizando um homogeneizador Potter Elvehjam em condições de frio (0-4°C). O homogenato foi centrifugado a 1 500 *g* durante 5 minutos e o sobrenadante claro foi utilizado para a análise da peroxidação lipídica.

Os extractos de plantas foram tomados a uma concentração de 100 µg pelo seu peso seco e misturados com 1,0 ml de KCl 0,15 M e 0,5 ml de homogenato de fígado de rato. A peroxidação foi iniciada pela adição de 100 µl de cloreto férrico 0,2 mM. Após incubação a 37 °C durante 30 min, a reação foi interrompida pela adição de 2 ml de HCl gelado (0,25N) contendo 4% de TCA e 0,38% de TBA. As misturas de reação foram aquecidas a 80 °C durante 60 minutos. As amostras foram arrefecidas e centrifugadas, e a absorvância dos sobrenadantes foi medida a 532 nm. Foi realizada uma experiência idêntica na ausência dos extractos para determinar a quantidade de peroxidação lipídica obtida na presença de agentes indutores sem qualquer extrato. A atividade peroxidante anti-lipídica (ALP) é expressa em % ALP utilizando a seguinte fórmula:

% ALP = 1- absorvância da amostra / absorvância do controlo X 100

24. Determinação do poder redutor

Os poderes redutores dos extractos foram determinados de acordo com o método de Oyaizu (Yen et al., 1993). Os extractos foram tomados a uma concentração de 60µg do seu peso seco e misturados com 2,5ml de tampão fosfato (0,2M, pH 6,6) e 2,5ml de ferricianeto de potássio a 1% e incubados a 50 °C durante 20 min. A reação foi terminada pela adição de 2,5 ml de TCA a 10 % e a mistura foi centrifugada a 3 500 g durante 10 minutos. Uma alíquota do sobrenadante (2,5 ml) foi misturada com 2,5 ml de água destilada e 0,5 ml de cloreto férrico a 0,1% para formar um complexo colorido que é medido a 700 nm.

25. Docagem molecular

O modelo da fosfolipase A2 foi criado utilizando o programa Geno3d. O programa gerou estruturas tridimensionais com base em alinhamentos da sequência de aminoácidos de uma molécula com uma ou mais estruturas modelo. As estruturas modelo utilizadas na modelação de homologia são os códigos PDB 1AYP, 1VAP e PSH.

A verificação da estrutura modelada com o software verify 3D indica que a geometria molecular do modelo é de boa qualidade. O programa de acoplamento *Hex 5.1* foi utilizado para os cálculos de acoplamento de moléculas de proteínas (Mustard e Ritchie, 2005). Nos cálculos *do Hex*, a cada molécula correspondem funções paramétricas 3D que descrevem a forma da superfície, a carga eletrostática e as distribuições de potencial. As interações electrostáticas e de van Der-Waals são tidas em conta nos nossos cálculos. Através da adesão da pontuação de sobreposição mútua para funções paramétricas, a expressão para a pontuação de acoplamento é derivada como função dos seis graus de liberdade na pesquisa de acoplamento de corpo rígido. Com os factores de escala adequados, esta pontuação de acoplamento foi interpretada como energia de interação a minimizar na simulação. Neste estudo, os inibidores foram utilizados como ligandos para o cálculo do docking para interação com a molécula PLA2 (estrutura: modelada). As estruturas dos inibidores foram obtidas pelo software *Marvin sketch.*

26. Análise estatística

As percentagens de inibição foram calculadas a partir da diferença entre o grupo tratado com o inibidor e os animais de controlo, que receberam o veículo. O teste t de Student para comparações de dados não emparelhados foi utilizado para avaliação estatística. Os resultados experimentais foram apresentados como média± SD de três determinações. A concentração IC50 foi calculada pela análise da resposta à dose de Boltzman utilizando o software origin 6.1. A significância estatística entre diferentes sPLA2s numa determinada concentração foi analisada pelos testes de intervalo múltiplo de Duncan a $P<0,05$ utilizando ANOVA do software estatístico SPSS.

CAPÍTULO - III

RASTREIO DE PLANTAS MEDICINAIS E LEGUMINOSAS PARA INIBIÇÃO DE sPLA2

INTRODUÇÃO

Antes da segunda guerra mundial, uma série de produtos naturais isolados de plantas superiores tornaram-se agentes clínicos e alguns deles ainda são utilizados atualmente. A utilização de plantas como medicamentos remonta às primeiras civilizações. Certamente que as grandes civilizações dos antigos chineses, indianos e norte-africanos forneceram provas escritas da ingenuidade do homem na utilização de plantas para o tratamento de uma grande variedade de doenças (Phillipson, 2001). A importância das plantas medicinais e dos sistemas de saúde tradicionais na resolução dos problemas de saúde está a ganhar cada vez mais atenção e, devido a este ressurgimento de interesse, a investigação sobre plantas de importância medicinal está a aumentar rapidamente a nível internacional. No entanto, isto está a acontecer ao mesmo tempo que se perdem habitats naturais nos países de origem. As plantas medicinais são, desde há muito, objeto de curiosidade e necessidade humanas. Estima-se que existam cerca de 2.500.000 espécies de plantas superiores e que a maioria destas não tenha sido examinada em pormenor quanto às suas actividades farmacológicas.

Os estudos etnofarmacológicos têm como objetivo a modulação da inflamação através da inibição das enzimas sPLA2 utilizando fontes naturais (Calixto et al., 2003; Calixto et al., 2004; Yoon e Baek, 2005). Os membros secretores da família PLA2 (sPLA2) com ênfase nas suas respectivas funções biológicas, em particular, o seu papel na imunidade do hospedeiro, inflamação e aterosclerose. As outras funções das sPLA2s são a migração celular (Gambero et al., 2002), a apoptose (Zhao et al., 2001; Taketo e Sonoshita, 2002; Giri et al., 2006), a geração de espécies reactivas de oxigénio e a citotoxicidade (Adibhatla et al, 2003; Giri et al., 2006; Costa-Junior et al., 2006), proliferação e diferenciação (Wang et al., 1998; Ikeno et al., 2005), coagulação (Mounier et al., 2001), cancro (Gorovetz et al., 2008;

Cummings, 2007) e etc.

Uma vez que a PLA2 é fundamental na cadeia inflamatória, o bloqueio da sua ação impediria a libertação de todas as substâncias que desencadeia (mediadores pró-inflamatórios e espécies reactivas de oxigénio, ROS). Assim, a remoção destes radicais livres por antioxidantes e a inibição da enzima PLA2 por uma única molécula é de grande relevância terapêutica no desenvolvimento de compostos anti-inflamatórios.

Plantas medicinais

As ervas medicinais têm sido utilizadas como forma de terapia para o alívio da dor ao longo da história (Darshan e Doreswamy, 2004). O tratamento de doenças reumáticas é uma área em que os praticantes da medicina tradicional gozam de patrocínio e sucesso (Akah e Nwambie, 1994). Acredita-se que os produtos naturais, em geral, e as plantas medicinais, em particular, são uma fonte importante de novas substâncias químicas com potencial eficácia terapêutica. Tendo em conta que os protótipos de fármacos anti-inflamatórios mais importantes foram originalmente derivados de fontes vegetais, o estudo de espécies vegetais tradicionalmente utilizadas como analgésicos deve continuar a ser visto como uma estratégia de investigação frutuosa na procura de novos fármacos anti-inflamatórios.

Os praticantes dos sistemas de medicina tradicional, Ayurveda, Ioga, Unani, Siddha, Homeopatia e Naturopatia utilizam plantas medicinais para diferentes fins. Por exemplo, as raízes de *Clerodendron serratum* (glória azul) são uma fonte potencial de medicamentos para doenças como a asma, dores no corpo, bronquite, febre, mordedura de cobra, reumatismo, úlceras, feridas, especialmente como antinociceptivo, anti-inflamatório e antipirético (Narayanan et al., 1999; Vidya et al., 2007; Ashok et al., 2007). A planta *Boerhaavia diffusa* tem uma longa história de utilização pelos povos indígenas e tribais e no sistema de medicina ayurvédica (Dhar et al., 1968). As raízes de *B. diffusa* têm sido amplamente utilizadas para o tratamento de doenças cardíacas, iterícia, aumento do baço e dores abdominais

(Mudgal, 1975; Awasthi e Menzel, 1986). Os estudos farmacológicos demonstraram que os extractos de *B. diffusa* possuem actividades anti-inflamatórias (Hiruma-Lima et al., 2000) e antifibrinolíticas (Jain e Khanna, 1989). Do mesmo modo, a casca da raiz de *Gmelina arborea* é recomendada em combinação com outros medicamentos para o tratamento de mordeduras de cobra e picada de escorpião (Dahanukar et al., 2000). *Aegle marmelos* (planta Bael) é útil em casos de estomatite, cardiopalmus e laxante, bem como em casos de oftalmia, surdez e inflamação (Arul, 2005).

A presente investigação foi realizada para analisar as plantas medicinais quanto à inibição da sPLA2 em função da atividade anti-inflamatória. As plantas, tais como *Aegle mermelos* (Arul, 2005), *Ailanthus excelsa* (Dahanukar et al., 2000), *Boerhaavia diffusa* (Chopra et al., 1923; Prasad, 1948), *Clerodendron indicum* (Kumar e Muller 1999), *Clerodendron phlomides* (Murugesan et al. 2001), *Clerodendron serratum* (Narayanan et al, 1999), *Gmelina arborea* (Dahanukar et al., 2000)e *Oroxylum indicum* (Laupattarakasem et al., 2003)foram selecionados com base na sua utilização no sistema medicinal tradicional contra a inflamação. Mas o estudo relativo à inibição da enzima sPLA2 não foi efectuado para apoiar os seus efeitos anti-inflamatórios.

Leguminosas (sementes)

Para além de serem uma fonte de nutrientes, os alimentos vegetais são uma fonte rica de moléculas bioactivas ou bionutrientes. Estudos realizados durante as últimas 2-3 décadas mostraram que estes fitoquímicos têm um papel importante na prevenção de doenças crónicas. Dado que vários distúrbios metabólicos estão estreitamente associados a processos oxidativos no organismo, a utilização de frutos, legumes e leguminosas como fonte de antioxidantes na alimentação para combater o processo de oxidação é objeto de maior atenção. The antioxidant activity of these sources is mainly due to the presence of phytochemicals such as phenolics (gallic acid, ellagic acid, ferulic acid, tannic acid, etc), flavonoids (flavonols, flavonas, flavanonas, flavanonol, flavan-3-óis, biflavonóides, flavonol prenilado e flavona sintética) e antocianinas (delfinidina, cianidina, pelargonidina, peonidina, petunidina, malvidina, etc.).

As leguminosas (sementes) desempenham um papel importante na alimentação humana e na medicina. As leguminosas (sementes e raízes) têm sido utilizadas para muitas doenças desde a antiguidade. Por exemplo, o extrato aquoso de sementes de soja tem sido utilizado para tratar doenças cardiovasculares, doenças imunitárias (por exemplo, asma e inflamação) e para modular o sistema imunitário (Matsushita et al., 2006; Malencic et al., 2008; Sakai e Kogiso, 2008). O grão de soja é único devido ao elevado teor de isoflavonas que têm muitas propriedades medicinais documentadas (Messina, 1999). Do mesmo modo, a grama-forrageira é famosa pelas suas utilizações medicinais, especificamente para o tratamento de doenças cardíacas, asma, bronquite, descargas urinárias e cálculos renais (Reddy et al., 2005, ILDIS, 1994).

Como parte da nossa investigação, algumas das leguminosas importantes (sementes), nomeadamente, *Cicer arietinum* (Singh et al., 1983), *Cajanus cajan* (Fu et al., 2008), *Macrotyloma uniflorum* (Reddy et al. 2005; Morris, 2008), *Glycine max* (Sakai e Kogiso, 2008), *Pisum sativam* (Dumitrescu et al., 1986), *Vigna radiate* (Medina et al., 2008), *Vigna unguiculata* (Ojimelukwe, 1999) e *Phaseolus mungo* (Thomas et al., 1983) foram selecionados para a inibição de sPLA2 para fornecer provas científicas para os usos tradicionais e para desenvolver alimentos funcionais ou nutracêuticos para o tratamento de doenças inflamatórias.

RESULTADOS

O presente estudo relata a potência de plantas medicinais e leguminosas contra as actividades enzimáticas e farmacológicas das enzimas sPLA2. A inibição da sPLA2 é de grande interesse farmacológico porque a libertação de araquidonato da posição *sn-2* dos fosfolípidos é o passo limitador da taxa na produção de mediadores eicosonóides da inflamação (Touqui e Alaoui-El-Azher, 2001; Murakami e Kudo, 2004). Há duas secções, uma sobre estudos fitoquímicos que estão associados à atividade farmacológica de plantas medicinais e a segunda sobre plantas leguminosas (sementes) que fazem parte da nossa dieta normal.

Plantas medicinais: Foram preparados extractos de etanol de A. *mermelos*, *A. excelsa*, *B. diffusa*, *C. indicum*, *C. phlomides*, *C. serratum*, *G. arborea* e *O. indicum*. O extrato seco obtido foi pesado e a relação p/p foi calculada. O material extraído estava na faixa de 0,5 a 3,2 % (Tabela 3.01). O pó sólido dos extractos foi dissolvido numa quantidade mínima de DMSO, diluído com solução salina tamponada com fosfato e sujeito a inibição de sPLA2 (VRV-V-PLA2) a uma concentração de 50 µg . Entre os extractos de plantas testados, as plantas *B. diffusa* e *C. serratum* inibiram a atividade VRV-V-PLA2 ao máximo (>90 %), ao passo que os extractos de *A. mermelos*, *A. excelsa*, *C. indicum*, *C. phlomides*, *G. arborea* e *O. indicum* também mostraram mais de 50 % de inibição (Figura 3.01A).

Leguminosas (sementes): foram preparados extractos aquosos de *C. arietinum*, *C. cajan*, *M. uniflorum*, *G. max*, *P. sativam*, *V. radiate*, *V. unguiculata* e *P. mungo*. O extrato seco obtido foi pesado e a relação p/p foi calculada. O material extraído estava na faixa de 0,8 a 4,2 % (Tabela 3.02). A inibição da atividade de VRV-V-PLA2 por estes extractos foi determinada a uma concentração de 50 µg. Estes extractos mostraram inibição de sPLA2 em várias extensões. *G. max e M. uniflorum* mostraram uma inibição máxima superior a 90 %, enquanto *C. cajan*, *V. radiate*, *V. unguiculata* e *P. mungo* inibiram mais de 50 %, mas os extractos de *C. arietinum* e *P. sativam* inibiram menos a atividade de sPLA2 (Figura 3.01B).

Uma vez que os extractos etanólicos de *B. diffusa* e *C. serratum*, e o extrato aquoso de *G. max e M. uniflorum* mostraram uma inibição máxima de sPLA2, foram realizados mais estudos com estas plantas.

Inibição da sPLA2 por diferentes extractos de solventes

O pó sólido de *B. diffusa*, *C. serratum*, *G. max e M. uniflorum* foi submetido ao método de extração soxhlet. A extração foi realizada utilizando solventes com polaridade crescente, tais como hexano, benzeno, clorofórmio, acetona, etanol, metanol e água. Cada extrato de solvente foi testado para a inibição da enzima

VRV-V-PLA2. Os extractos exibiram inibição de sPLA2 em vários graus (Tabela 3.03). A inibição máxima foi observada com os extractos etanólicos de *B. diffusa* e *C. serratum*, e com os extractos aquosos de *G. max* e *M. uniflorum*.

Inibição de diferentes sPLA2s

Os extractos etanólicos de *B. diffusa* e *C. serratum* e os extractos aquosos de *G. max e M. uniflorum* foram ainda sujeitos à inibição de enzimas sPLA2 purificadas de diferentes fontes. As enzimas sPLA2 utilizadas provinham de fluidos inflamatórios humanos, como o fluido pleural humano (HPF) e o fluido sinovial humano (HSF) e a NN-I-PLA2 do veneno *de Naja naja*. Cada extrato de planta foi verificado separadamente quanto à inibição das enzimas PLA2 acima referidas

Em primeiro lugar, o extrato de etanol de *B. diffusa* foi testado para inibição; inibiu as enzimas sPLA2 em várias extensões de forma dependente da concentração. O grau de inibição da HSF-PLA_2 foi mais elevado (96%) na concentração de 40μg, seguido da VRV-V-PLA2 (95,6%), HPF-PLA2 (92,1%) e NN-I-PLA2 (87%) na concentração de 48μg (Figura 3.02A). A análise de regressão linear da porção linear das curvas de inibição dependentes da concentração foi utilizada para calcular os valores de IC50. Os valores de IC_{50} das enzimas HSF-PLA_2 e HPF-PLA_2 são 13,5 e 14,5μg, respetivamente, enquanto os valores de VRV-V-PLA_2 e NN-I-PLA_2 são 25,3 e 24,4μg, respetivamente (Tabela 3.05).

A Figura 3.02B mostra a inibição de todas as enzimas sPLA2 de forma dependente da concentração pelo extrato de etanol de *C. serratum*. A inibição máxima de 89,3% foi observada para HSF-PLA2 seguida por HPF (86,3%), VRV-V-PLA2 (81,4%) e NN-I-PLA2 (80,6%) na concentração de 48 μg. A percentagem de inibição destas sPLA_2 por *C. serratum* situa-se no intervalo de 80-90 %. Os valores de IC_{50} calculados para sPLA2s são apresentados na Tabela 3.05. Não há diferença significativa na percentagem de inibição entre a PLA2 inflamatória humana e a PLA2 de veneno de cobra por este extrato.

O extrato aquoso de *G. max* inibiu eficazmente as enzimas sPLA2 inflamatórias e de veneno de forma dependente da concentração. A porcentagem de inibição de HPF-PLA_2 foi de 100% na concentração de 32 µg, seguida por HSF-PLA_2 (97,5%) na concentração de 40 µg, VRV-V-PLA2 (87,5%) e NN-I-PLA2 (85,5%) na concentração de 48 µg (Figura 3.03A). As concentrações IC_{50} HSF- PLA_2 e HPF-PLA_2 foram de 14 e 15,4 µg, respetivamente, e para VRV-V-PLA_2 e NN-I-PLA_2 foram de 22,1 µg e 24,6 µg, respetivamente (Tabela 3.05).

A Figura 3.03B mostra a inibição dependente da concentração das enzimas sPLA2 por o extrato aquoso de *M. uniflorum*. A inibição máxima de 98,5% foi observada para HSF-PLA_2 na concentração de 40 µg, seguida por HPF-PLA_2, VRV-V-PLA_2 e NN-I-PLA_2 na concentração de 48 µg. Os valores de IC_{50} de sPLA2 de HSF e HPF são 14,1 e 17,2 µg, respetivamente, enquanto VRV-V-PLA2 e NN-I-PLA2 são 22,5 µg e 23,4 µg, respetivamente (Tabela 3.05). A percentagem de inibição da NN-I-PLA2 pelos extractos foi ligeiramente inferior à das outras três PLA2s.

Os extractos de plantas medicinais e leguminosas inibiram as enzimas sPLA2 de forma dependente da dose e com muito pouca variação. Por conseguinte, foi efectuada uma caraterização adicional da atividade inibidora destes extractos de plantas com VRV-V-PLA2.

Efeito do substrato e da concentração de cálcio na inibição da sPLA2

O mecanismo de inibição das enzimas PLA2 pelos extractos *de B. diffusa, C. serratum, G. max* e *M. uniflorum* foi examinado em função da concentração de substrato. Foi realizada a atividade da sPLA2 (VRV-V-PLA2) na ausência e na presença da concentração IC_{50} dos extractos. A concentração de substrato foi aumentada até 120 nmol. A atividade da enzima VRV-V-PLA2 aumenta quase linearmente com o aumento da concentração de substrato. A percentagem de inibição pelos extractos situa-se na gama de 49 - 52 % e manteve-se quase constante ao longo de toda a gama de concentração de substrato utilizada, exceto *em C. serratum*, que mostra que a percentagem de inibição diminuiu ligeiramente (Figura 3.04A). Em geral, os resultados mostraram que a inibição da VRV-V-PLA2 pelos extractos etanólicos de *B. diffusa* e *C. serratum*; e pelos extractos aquosos de *G. max* e *M. uniflorum* é independente da concentração de substrato.

As enzimas sPLA2 são dependentes do cálcio e necessitam de cálcio em concentração mM para a sua atividade óptima. Foi determinada a possibilidade de inibição por quelação de iões metálicos. A inibição da VRV-V-PLA2 foi efectuada com concentrações IC_{50} de extractos de *B. diffusa*, *C. serratum*, *G. max* e *M. uniflorum*. O aumento da concentração de cálcio de 0 - 15 mM aumenta linearmente a atividade da sPLA2, mas não altera a percentagem de inibição na concentração IC_{50} dos extractos de (Figura 3.04B). A extensão da inibição por estes extractos situa-se no intervalo de 48

- 54 %. A inibição da sPLA2 por estes extractos é independente do cálcio e não inibe a atividade quelando os iões de cálcio necessários para a atividade da enzima.

Determinação dos fenólicos totais, da atividade antioxidante e da peroxidação lipídica

Os extractos de *B. diffusa*, *C. serratum*, *G. max e M. uniflorum* inibem a sPLA2s *in vitro* e a inibição foi independente das concentrações de substrato e de cálcio. Para conhecer a natureza dos compostos inibitórios, estes extractos foram utilizados para determinar o conteúdo fenólico total, a atividade antioxidante por dois métodos diferentes e o poder redutor a uma concentração de 100 µg. A estimativa dos fenólicos totais foi efectuada pelo método de Singleton (1999) com uma ligeira modificação. O resultado mostrou que os extractos de *B. diffusa* e *M. uniflorum* continham 93 % de fenólicos, enquanto *C. serratum* e *G. max* continham 85 % e 82 %, respetivamente (Figura 3.05A). O ácido gálico foi utilizado como controlo positivo juntamente com os extractos.

A atividade antioxidante foi determinada pelo método DPPH, tal como descrito por Blios, (1958). Ambos os extractos de leguminosas e plantas medicinais mostraram a atividade anti-oxidante com um grau variável. A maior atividade antioxidante foi observada no extrato de *G. max* (95,6 %), seguido dos extractos de *M. uniflorum*, *C. serratum* e *B. diffusa* (Figura 3.05B). A atividade peroxidante anti-lipídica (ALP) dos extractos foi realizada de acordo com o método TBA (Halliwell e Gutteridge, 1989). O extrato de *M. uniflorum* mostrou a maior (88,5%) atividade peroxidativa de lípidos, seguido de *G. max*, *B. diffusa* e *C. serratum* (Figura 3.05B). O poder redutor destas fontes vegetais varia entre 1,56 - 2,88 a 700 nm (Tabela 3.04). Estes dados sugerem que a percentagem de inibição da PLA2 por estas fontes está quase de acordo com a concentração fenólica, as suas actividades antioxidantes e anti-lipídicas peroxidativas.

Estudos *in situ* e *in vivo*

Uma vez que os extractos de *B. diffusa*, *C. serratumM. uniflorum* e *G. max* inibiram eficazmente a atividade sPLA2 *in vitro*, examinámos o efeito destes extractos na atividade hemolítica *in situ* e na atividade indutora de edema de VRV-V-PLA2. A atividade hemolítica in situ é uma forma indireta de medir a atividade da PLA2 utilizando gema de ovo e eritrócitos lavados como substrato. A VRV-V-PLA2 foi sujeita a inibição por extractos de plantas a uma concentração de 48 µg. A mistura de reação sem enzima foi utilizada como controlo. Os extractos destas plantas inibiram a atividade hemolítica indireta da VRV-V-PLA2. A inibição máxima foi alcançada por *G. max*, seguida por *B. diffusa*, *C. serratum* e *M. uniflorum*, respetivamente (Figura 3.06).

Foi determinado o efeito dos extractos de *B. diffusa*, *C. serratum*, *G. max* e *M. uniflorum* na atividade indutora de edema da VRV-V-PLA2. A enzima foi pré-incubada durante 30 minutos a 37 °C com os extractos antes de ser administrada nas patas dos ratinhos. A injeção de sPLA2 (VRV-V-PLA2) isolada e de solução salina na pata do ratinho foram utilizadas como controlos positivo e negativo. A solução salina provocou um edema basal de 117% e o VRV-V-PLA2 provocou um edema máximo de 180%. Os extractos inibiram a formação de edema de forma dependente da dose quando co-injectados com VRV-V-PLA2 (Figura 3.07). O rácio de edema foi reduzido para 121% por *M. uniflorum*, seguido por *C. serratum* (128%), *G. max* (132%) e *B. diffusa* (142%) a 48 µg de concentração. O IC_{50} aparente para a inibição do edema situou-se no intervalo de 26 - 41,2 µg. Assim, os extractos de *B. diffusa, C. serratum, G. max e M. uniflorum* inibiram a atividade das enzimas sPLA2 de fontes de veneno humano e de cobra. Os extractos também neutralizaram eficazmente a atividade hemolítica indireta e a atividade indutora de edema da VRV-V-PLA2.

DISCUSSÃO

A atividade extracelular da sPLA2 do grupo IIA foi detectada no local da inflamação em animais experimentais e também em amostras de soro de doenças inflamatórias humanas. As moléculas reguladoras da atividade desta enzima podem estar implicadas no controlo de uma vasta gama de estados fisiológicos, como a inflamação aguda, a pancreatite e a artrite reumatoide (Triggiani et al., 2005). Assim, a relação da ativação da sPLA2 com a resposta inflamatória tem sido assumida como uma manifestação importante. A inibição do aumento da atividade da PLA2 tem um enorme alcance no desenvolvimento de moléculas farmacologicamente potentes para controlar a inflamação. Os inibidores da sPLA2 minimizam os danos nos tecidos e outros efeitos deletérios que ocorrem secundariamente à inflamação.

Em muitos países, os extractos de plantas medicinais têm sido tradicionalmente utilizados para o tratamento de inflamações e doenças relacionadas. Estes extractos de plantas constituem uma fonte rica de novos compostos com uma variedade de actividades farmacológicas (Dasgupta e Bernard, 2006). Embora se tenha constatado que os fitoquímicos biologicamente activos estão presentes numa vasta gama de fontes vegetais, a sua eficácia na prevenção de doenças só foi claramente estabelecida no caso de algumas. A potência de uma planta na prevenção de uma doença é a soma das bioactividades de todos os fitoquímicos presentes nessa fonte com uma propriedade comum. Estes fitoquímicos são considerados como prevenindo doenças principalmente através das suas funções como anti-oxidantes, desintoxicantes, agentes neurofarmacológicos e imunopotenciadores e como fonte de fibra alimentar.

Nas últimas duas décadas, no entanto, tem havido um aumento do interesse nos alimentos vegetais como fonte de fitoquímicos que podem ter um papel útil na prevenção de doenças crónicas como o cancro, diabetes, doenças cardiovasculares, cataratas e cálculos biliares. Esta associação entre o consumo de certos alimentos e a baixa prevalência de doenças não transmissíveis foi inicialmente derivada de observações epidomológicas. Os alimentos que têm um potencial de prevenção de doenças são designados por "alimentos funcionais". Os alimentos funcionais são alimentos que proporcionam benefícios para a saúde para além da nutrição básica. O interesse dos alimentos funcionais reside no seu potencial para reduzir a incidência de doenças relacionadas com a alimentação.

Como alimento funcional, as leguminosas são uma dieta muito boa na prevenção de muitas doenças, uma vez que são ricas em fitoquímicos, polifenólicos, terpenos, flavonóides e taninos. O consumo regular de alimentos à base de soja pelos japoneses, medido em termos de quantidade de proteína de soja ou de isoflavonas de soja, apresenta um menor risco de cancro da mama. Num outro estudo , foi referido que as substâncias fenólicas do vinho tinto inibem a oxidação das lipoproteínas humanas de baixa densidade, o que explica a baixa prevalência de doenças coronárias (CHD) em algumas regiões de França, apesar de um consumo elevado de gorduras saturadas (um fator de risco conhecido para as CHD) (Zern e Fernandez, 2005). Esta anomalia é designada por Paradoxo Francês e é atribuída ao consumo regular de vinho tinto rico em substâncias fenólicas.

Os nossos dados preliminares de rastreio com várias plantas medicinais populares que são amplamente utilizadas contra a inflamação inibiram claramente a atividade da sPLA2. Neste estudo, os extractos brutos de todas as plantas medicinais mostraram inibição da sPLA2, que inibe as actividades enzimáticas e tóxicas exercidas por uma variedade de enzimas sPLA2 purificadas de venenos de cobra e exsudados inflamatórios humanos. Os extractos de plantas da extração de soxhlet, os solventes polares mostraram uma boa inibição em comparação com os extractos de solventes não polares. A maior inibição foi obtida com extractos de etanol, seguidos de extractos de água e metanol. Os extractos aquosos de *M.*

unflorum e *G. max* inibiram a sPLA2 em maior medida. Os extractos de solventes polares de *M. unflorum* e *G. max* da extração soxhlet mostraram uma maior inibição em comparação com os extractos de solventes não polares. Os dados indicam que *B. diffusa*, *C. serratum*, *M. uniflorum* e *G. max* contêm componentes bioactivos de natureza mais hidrofílica do que hidrofóbica.

Para verificar se estes extractos inibem outras enzimas PLA2, os extractos de *B. diffusa*,*C. serratum*, *M. uniflorum* e *G. max* foram sujeitos à inibição de enzimas sPLA2 de diferentes fontes. Inibiram as enzimas sPLA2 dos fluidos inflamatórios humanos (HSF e HPF) e do veneno da serpente *V. russellii* (VRV-V-PLA2), todos pertencentes ao grupo IIA sPLA2. Os extractos foram ainda verificados quanto à sua capacidade de inibir outras enzimas sPLA2 do grupo da PLA2 do veneno da cobra *N. naja* (NN-I-PLA2), que pertence ao grupo IA. Todos os extractos inibem a NN-I-PLA2, mas a percentagem de inibição é menor em comparação com as sPLA2s do grupo IIA, indicando que os extractos são mais competentes para as sPLA2s do grupo IIA, quer do veneno da cobra, quer dos fluidos inflamatórios. Embora apresentem mais de 70% de homologia, muitos inibidores de inibem estas enzimas de forma diferenciada (Kim et al., 2004). O grau variável de inibição destas enzimas PLA2 pode dever-se às diferentes afinidades de ligação no local ativo.

A inibição da sPLA2 através da ligação dos inibidores ao substrato fosfolipídico e da afetação da qualidade da interface que torna os fosfolípidos inacessíveis à enzima é uma dúvida quanto à potência dos inibidores da sPLA2. Os inibidores da sPLA2 induzidos por esteróides, como a lipocortina I e II, inibem a sPLA2 através de uma ligação não específica e afectando a "qualidade da interface" dos fosfolípidos da membrana. Mas a inibição por estes agentes foi aliviada quando a concentração de substrato foi aumentada na mistura de reação (Jameel et al., 2006). Em contraste com isto, os extractos de *B. diffusa*, *C. serratum*, *G. max* e *M. uniflorum* mantiveram a potência de inibição de sPLA2 mesmo quando a concentração de substrato foi aumentada em duas vezes. Esta observação sugere que os extractos brutos destas plantas não competem pelo local de ligação ao substrato e podem interagir fortemente num local separado, e a inibição não pode ser afetada pelo aumento da concentração de substrato. O extrato de *C. serratum* apresentou um alívio parcial da inibição ao aumentar a concentração do substrato. Isto pode dever-se à presença de compostos com interação reversível e irreversível com a sPLA2. Também se pode afirmar que poucos compostos inibidores se ligam ao local de ligação ao substrato com baixa afinidade e provocam inibição, que é aliviada com concentrações mais elevadas de substrato.

Alguns dos inibidores da sPLA2 demonstraram mediar a deslocação do cálcio cataliticamente essencial da enzima e, assim, a inibição por estes agentes parece estar dependente da concentração de cálcio. A nossa investigação mostra que a inibição da sPLA2 por extractos de *B. diffusa, C. serratumG. max* e *M. uniflorum* é independente do cálcio e não por quelação. Os inibidores presentes nestes extractos não têm qualquer efeito quelante sobre os iões de cálcio, uma vez que a enzima foi inibida em cerca de 50% mesmo quando a concentração de cálcio era quatro vezes superior à concentração de cálcio padrão utilizada no sistema de ensaio regular. Assim, exclui-se o envolvimento de moléculas nos extractos na ligação ao ião cálcio e, por conseguinte, , levando à inibição. Os resultados acima indicam que os compostos do extrato bruto interagem diretamente com a enzima e provocam uma inibição irreversível.

Determinou-se a concentração fenólica, a atividade antioxidante e a atividade antiperoxidação lipídica e o poder redutor de *B. diffusa, C. serratum, G. max e M. uniflorum*. A concentração fenólica nos extractos *de B. diffusa* e *M. uniflorum* foi elevada em comparação com os extractos de *C. serratum* e *G. max*, mas a atividade antioxidante e a atividade antiperoxidação lipídica não foram exatamente proporcionais à sua concentração fenólica. O poder redutor destes extractos em termos de atividade antioxidante foi determinado, sendo o extrato de *G. max* o mais elevado de todos os extractos testados. A inibição da atividade sPLA2 *in vitro* e *in vivo* por *B. diffusa, C. serratum, G. max e M. uniflorum* foi mais ou menos diretamente proporcional à sua atividade anti-oxidante e à sua atividade antiperoxidação lipídica.

Os componentes dos extractos ligam-se à região de ligação ao substrato da enzima, a atividade das enzimas foi inibida independentemente da concentração do substrato fornecido para a sua atividade. Isto reflecte-se tanto na inibição *in vitro* da sPLA2 como na neutralização da atividade hemolítica indireta, em que a natureza do substrato é totalmente diferente. A membrana intacta *de E. coli* foi utilizada como substrato no ensaio de inibição *in vitro* de sPLA2 e a mistura de fosfolípidos de ovo em bruto dispersos no tampão como micelas no ensaio hemolítico indireto. Devido a esta natureza, estes extractos podem ser facilmente administrados *in vivo*.

A injeção de enzimas sPLA2 do veneno e do fluido inflamatório na articulação animal provoca uma resposta inflamatória aguda com edema, inchaço das células sinoviais e hiperplasia (Vishwanath et al., 1987a). Do mesmo modo, os vários inibidores em coinjecção com enzimas PLA2 resultaram na neutralização da atividade indutora de edema em modelo animal (Marshall et al., 1987). O extrato de *Musa paradisiaca* é avaliado contra a atividade sPLA2 de *Crotalus durissus terrificus*, *Bothrops jararacussus* (Borges et al., 2005). Do mesmo modo, o nosso estudo mostra que os extractos de plantas medicinais e leguminosas em co-injeção com VRV-V-PLA2diminuíram a atividade indutora do edema de uma forma dependente da dose. Uma vez que os extractos inibem a *sPLA2in-vivo*, são eficazes na prevenção do edema.

As plantas utilizadas no estudo estão bem documentadas quanto à sua atividade anti-inflamatória, por exemplo, o extrato etanólico de *B. diffusa* reduz acentuadamente a dor em ratos (Hiruma-Lima et al., 2000) e reduz o edema da pata de rato induzido por carragenina. *A B. diffusa* possui compostos como o ácido serratagénico, o ácido oleanólico (Pereira et al., 2009), o ácido ursólico (Mishra e Tiwari, 1971) e o punarnavosídeo (Jain e Khanna, 1989), que podem estar na origem da inibição da PLA2 pelo extrato bruto. Do mesmo modo, o extrato alcoólico das raízes de *C. serratum* mostrou uma atividade anti-inflamatória significativa nos modelos de edema da pata induzido por carragenina e de granuloma de pellets de algodão em ratos. Fitoquimicamente, os principais constituintes do extrato da casca da raiz de *C. serratum* são o estigmosterol e o D-manitol e triterpenóides como o ácido oleanólico, o ácido ursólico e o ácido queretárico (Sachdev et al., 1965; Garg e Verma., 1967).

Os extractos de *G. max* reduziram o edema da orelha induzido pelo ácido araquidónico, o edema da pata induzido pela carragenina e a contorção induzida pelo ácido acético. O efeito sobre os parâmetros bioquímicos sugeriu que o mecanismo do seu efeito anti-inflamatório poderia ser devido à sua atividade antioxidante, particularmente alguns dos flavonóides como a genisteína (Bradbury & White, 1951), daidzeína, formononetina, genistina (Hosny e Rosazza, 1999), e gliciteína (Naim et al., 1976), o ácido ferúlico, as soyaponinas (Farmakalidis e Murphy 1984b), o kaempferol, o β-sitosterol e o estigmasterol (Kawsar et al., 2008b) são isolados.

A atividade anti-inflamatória de *B. diffusa, C. serratum, G. max e M. uniflorum* em geral pode ser atribuída à inibição da atividade de sPLA2 de forma dependente da dose/concentração, o que estabeleceu alguma evidência farmacológica para apoiar a alegação folclórica de que eram utilizados como agentes anti-inflamatórios. A molécula única ou o aditivo de duas ou mais moléculas pode provocar a inibição observada. Devido aos extractos brutos das plantas testadas para a inibição da atividade enzimática da PLA2, o mecanismo de inibição da PLA2 não é claramente compreendido.

FIGURES

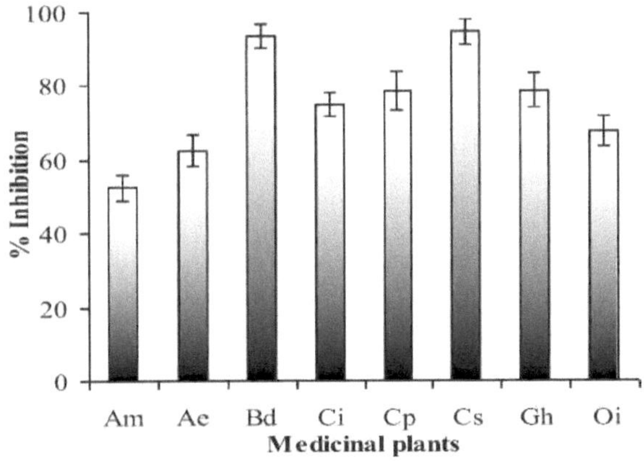

(A)

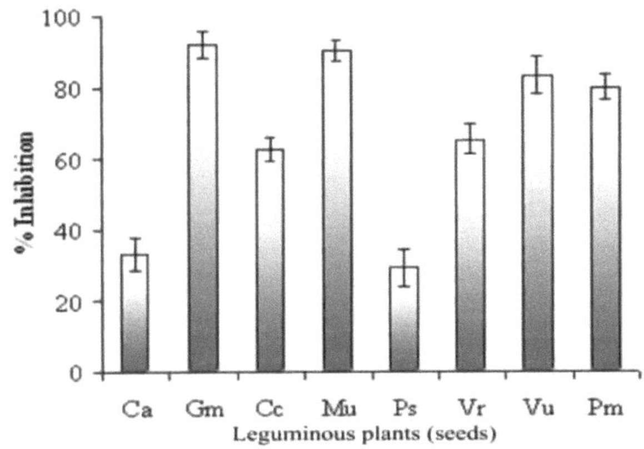

(B)

Figura 3.01 Inibição da enzima sPLA2 (VRV-V-PLA2) por extractos etanólicos de plantas medicinais (A) e extractos aquosos de plantas leguminosas (B).

A mistura de reação, 350 µl, continha VRV-V-PLA2 (4µg), 5 mM de cálcio, 100 mM de tampão Tris-HCl e 50µg de extrato. A reação foi iniciada pela adição de 30 µl de substrato e incubada durante 1 h a 37 °C. Os dados representam a média ± DP (n=3).

Plantas medicinais (A): Am: *Aegle mermelos,* Ae: *Ailanthus excelsa*,Bd: *Boerhaavia diffusa*,Ci: *Clerodendron indicum*, Cp: *Clerodendron phlomides*,Cs: *Clerodendron serratum*, Gh: *Gmelina arborea* e Oi: Oroxylum indicum.

Leguminosas (B): Ca: *Cicer arietinum*, Cc: *Cajanus cajan*, Mu: *Macrotyloma uniflorum*, Gm: *Glycine max*, Ps: *Pisum sativam*, Vr: *Vigna radiate*, Vu: *Vigna unguiculata* e Pm: *Phaseolus mungo*.

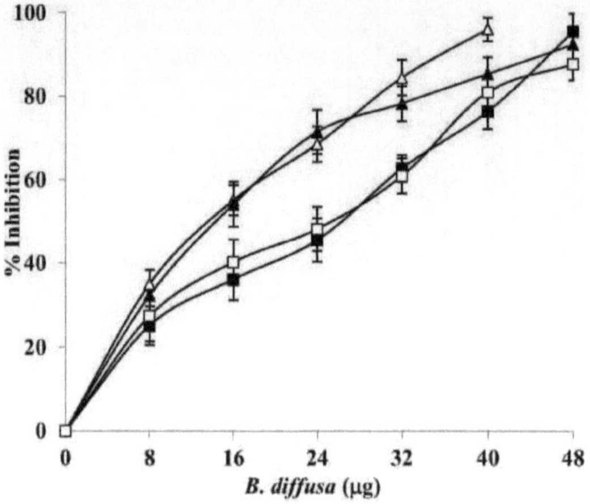

(A)

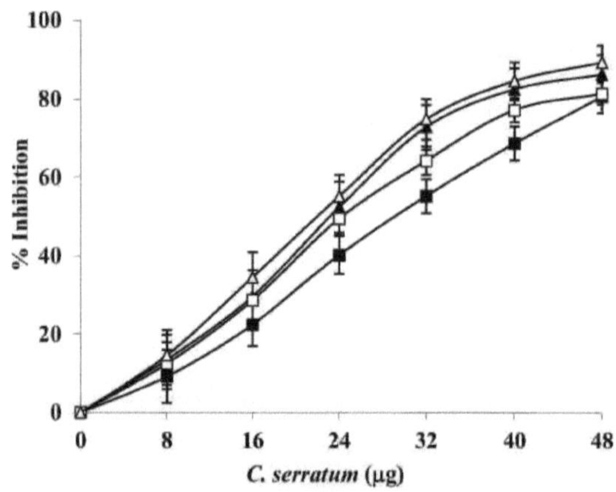

(B)

Figura 3.02. Inibição dependente da concentração de veneno e enzimas inflamatórias sPLA2 por extractos de etanol de *B. diffusa* (A) e *C. serratum* (B).

A mistura de reação, 350µl, continha enzimas PLA_2, tampão Tris-HCL 100 mM pH 7,4, CaCl2 5mM e concentração crescente de extractos. As PLA2s inflamatórias,

HSF-PLA2 (Δ) e HPF-PLA2 (▲); Venom PLA2 VRV-V-PLA2 (□) e NN-I-PLA2 (■) foram tomadas para o ensaio inibitório. A reação foi iniciada pela adição de 30µl de substrato e incubada durante 1 h a 37 °C. Os dados representam a média ± DP (n = 3).

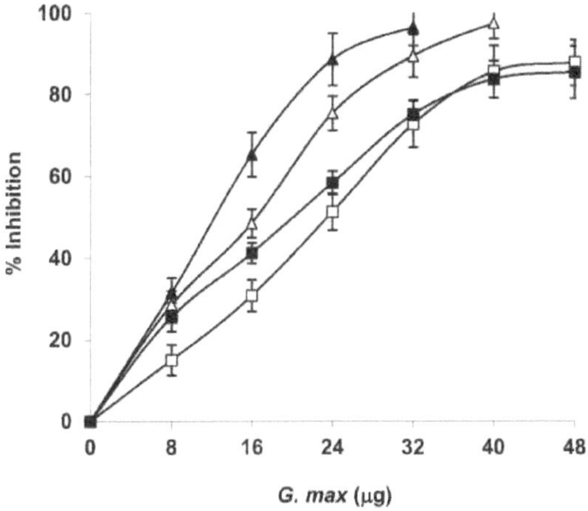

(A)

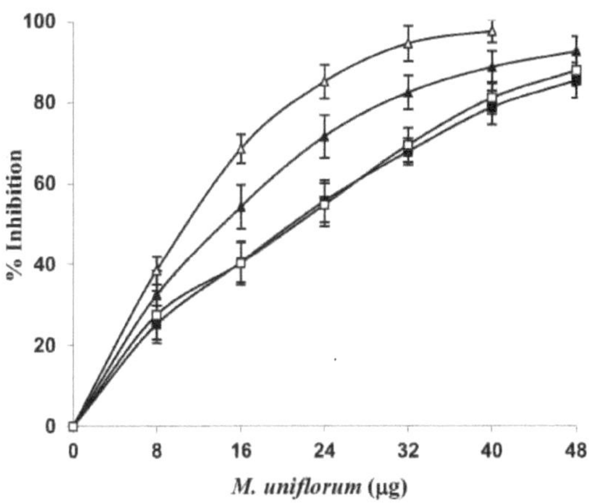

(B)

Figura 3.03 Inibição dependente da concentração de enzimas sPLA2 inflamatórias e de veneno por extractos aquosos de *G. max* (A) e *M. uniflorum* (B). A mistura de reação, 350 µl, continha enzima sPLA2 inflamatória, tampão Tris-HCl 100mM pH 7,4, CaCl2 5 mM e concentração crescente de extractos.

Foram tomadas PLA2s inflamatórias, HSF-PLA2 (Δ) e HPF-PLA2 (▲); PLA2 de veneno VRV-V- PLA2 (□) e NN-I-PLA_2 (■). A reação foi iniciada pela adição de 30 µl de substrato e incubada durante 1 h a 37 °C. Os dados representam a média ± DP (n = 3).

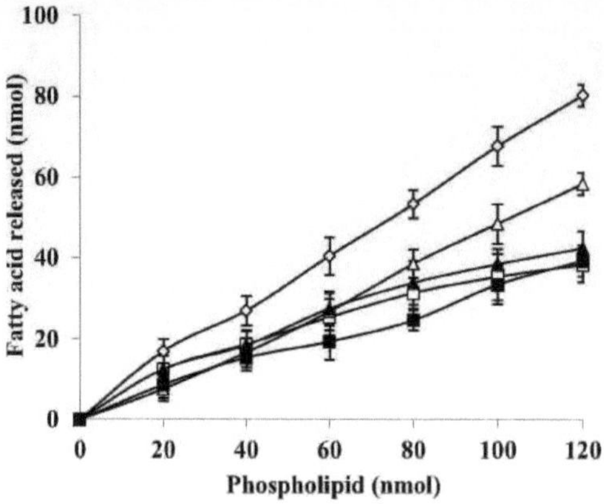

(A)

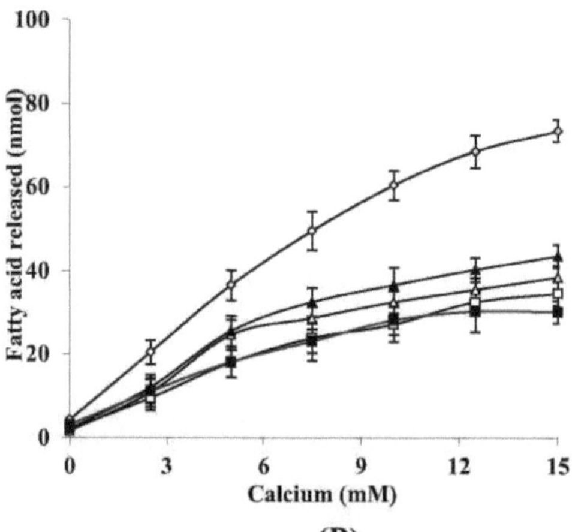

(B)

Figura 3.04 Efeito da concentração de substrato e cálcio na inibição do RVV-V-PLA2 pelos extractos de leguminosas e plantas medicinais na concentração IC50. A mistura de reação contém VRV-V-PLA2(o) isolado ou com concentrações IC50 de extractos [*C. serratum*(Δ), *G. max*(▲) *B.diffusa* (□) e *M. uniflorum* (■)] em tampão Tri-HCl 100 mM pH 7,4 e $CaCl_2$ 5 mM. A reação foi iniciada pela adição da concentração indicada de substrato e incubada durante 1 h. Os dados representam a média ± DP (n = 3).

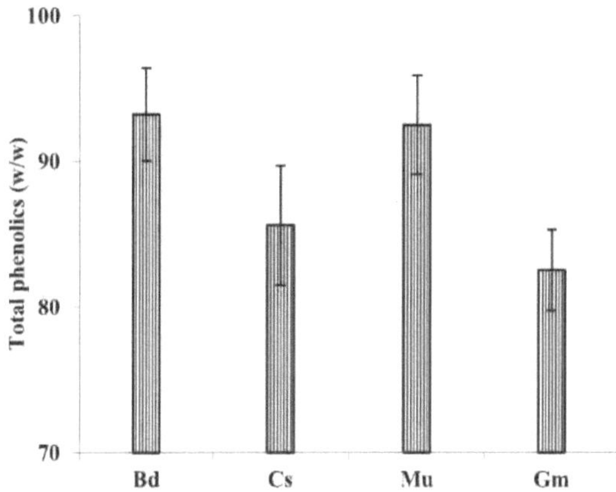

(A)

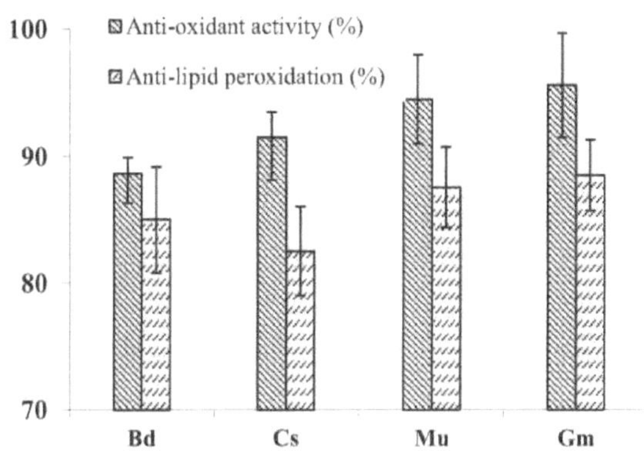

(B)

Figura 3.05.Estimativa de fenólicos totais (% w/w) (A), atividade antioxidante e antiperoxidação lipídica (B) para os extractos de *B. difussa*, *C. serratum*, *M. uniflorum* e *G. max*.

Os extractos etanólicos de *B. diffusa* e *C. serratum* e os extractos aquosos de *M. uniflorum* e *G. max* foram submetidos a uma estimativa dos fenólicos totais pelo método de Folin-Ciocaltau (A), da atividade antioxidante pelo método DPPH e da atividade antiperoxidação lipídica pelo método TBA a uma concentração de 48 µg. Os dados representam a média ± DP (n=3).(Bd: *B. difussa*, Cs: *C. serratum*; Mu: *M. uniflorum* e Gm: *G. max*).

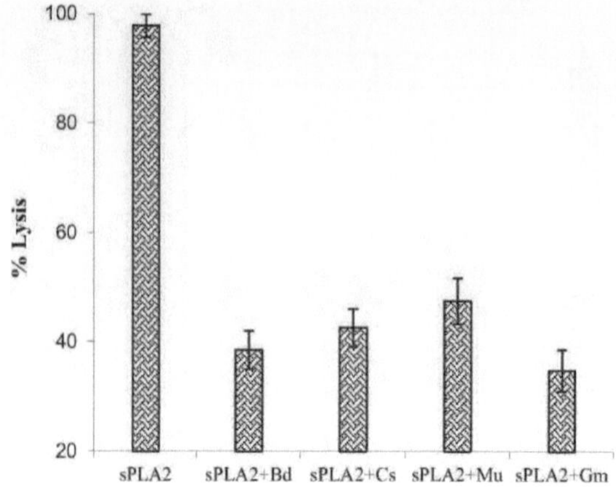

Figura 3.06 Neutralização da atividade hemolítica indireta da PLA2 (VRV-V- PLA2) por extractos de *B. difussa*, *C. serratum*, *M. uniflorum* e *G. max*. A enzima VRV-V-PLA2 (30µg) foi pré incubada com 48 µg de extractos de, *B. difussa* (Bd) *C. serratum* (Cs), *G. max* (Gm), *M. uniflorum* (Mu) e durante 20 min. A reação foi iniciada pela adição de eritrócitos, gema de ovo e PBS (1: 1: 8 V/V) e incubada durante 30 min a 37 ° C. Os dados representam a média ± DP (n=3).

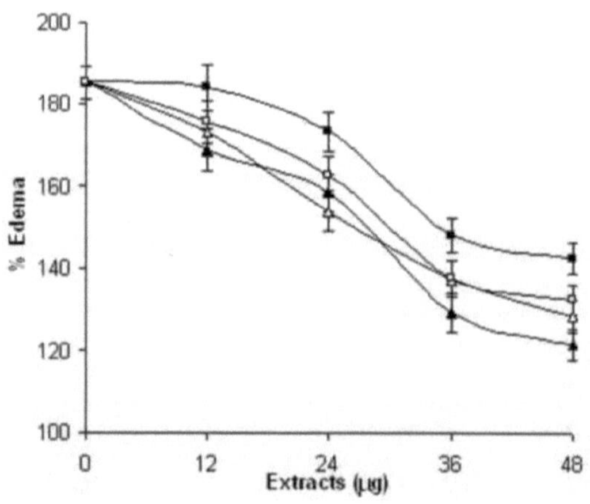

Figura 3.07 Neutralização da atividade indutora de edema de VRV-V-PLA2

por extractos deβ. *diffusa*, *C. serratum*, *M .uniflorum* e *G. max*. Foram misturados 5µg de VRV-V- PLA2 e incubados com concentrações crescentes de extractos de *C. serratum* (Δ), *G. max* (▲) *B.diffusa* (□) e *M. unflorum* (■). As misturas foram injectadas na superfície intra-plantar dos membros posteriores dos ratos. Após 45 minutos, as pernas foram removidas na articulação do tornozelo e o rácio de edema foi calculado. Os dados representam a média ± DP (n = 3).

Quadro 3.01 Lista de plantas medicinais, família, parte utilizada e % de rendimento

Nome botânico (Nome comum)	**Família**	**Peça utilizada**	**% de rendimento**
Aegle mermelos (Maçã de caroço)	Rutáceas	Folha	0.5
Ailanthus excelsa (Maharukh)	Simaroubaceae	Casca da raiz	2.1
Boerhaavia diffusa (Punarnava)	Nyctaginaceae	Folha	2.5
Clerodendron indicum (Flor de tubo)	Verbenáceas	Casca da raiz	0.8
Clerodendron phlomides (Taggi)	Verbenáceas	Folha	0.8
Clerodendron serratum (Bharngi)	Verbenáceas	Casca da raiz	1.5
Gmelina arborea (kulimavu)	Verbenáceas	Casca do caule	1.8
Oroxylum indicum (trombeta indiana)	Bignoniaceae	Casca da raiz	3.2

Quadro 3.02 Lista de leguminosas, família, parte utilizada e percentagem de rendimento

Nome botânico (nome comum)	**Família**	**Peça utilizada**	**% de rendimento**
Cicer arietinum (grão-de-bico)	Fabáceas	Semente	0.9
Cajanus cajan (ervilha-de-angola)	Fabáceas	Semente	2.1
Glycine max (soja)	Fabáceas	Semente	3.4
Macrotyloma unflorum (gramínea do cavalo)	Fabáceas	Semente	2.8
Pisum sativam (ervilha de jardim)	Fabáceas	Semente	4.2

Vigna radiate (grama verde)	Fabáceas	Semente	0.8
Vigna unguiculata (ervilha-de-corda)	Fabáceas	Semente	1.4
Phaseolus mungo (grama preta)	Fabáceas	Semente	1.8

*O pó pulverizado de cada fonte foi extraído durante a noite e o rendimento foi calculado (w/w).

Tabela 3.03 Percentagem de inibição de sPLA2 por diferentes extractos de solventes de plantas medicinais.

Plantas/ % de inibição	hexano	benzeno	Clorofórmio	acetona	etanol	metanol	água
B. diffusa	10.4	15.4	45.2	42.5	93.5	72.9	80.2
C serratum	4.2	5.3	25.6	68.5	94.9	51.2	76.4
G. max	10.8	4.5	25.6	73.5	46.3	69.8	92.1
M.uniflorum	8.2	14.5	14.5	52.1	48.4	72.4	90.4

#Setenta e cinco gramas de pó de cada fonte foram extraídos sequencialmente utilizando um aparelho de soxhlet com uma polaridade crescente de solventes orgânicos a 50-70 °C durante 48 horas cada.

Quadro 3.04 Fenólicos totais e atividade anti-oxidante de *B. diffussa, C. serratum, M. uniflorum* e *G. max*

Extractos	Fenólicos totais (% w/w)	Atividade anti-oxidante		
		DPPH (% de atividade)	TBA (% de atividade)	Poder de redução (700 nm)
B. diffusa*	93.2	88.6	85	1.56
C. serratum *	85.6	91.5	75.6	2.14
*M.uniflorum**	92.5	91.5	88.5	1.94
*G. max***	75.8	97.6	96.5	2.88

Os fenólicos totais e a atividade antioxidante das plantas medicinais e leguminosas são calculados, * Extrato etanólico, ** Extrato aquoso.

Tabela- 3.05. Valores IC_{50} para diferentes fontes de sPLA2

Extractos	HSF-PLA2	HPF-PLA2	VRV-V-PLA2	NN-I-PLA2

B. difUssa	17.1	19	23.8	24.2
C. serratum	24	25.1	26.6	29.5
M. uniflorum	14.1	17.2	22.5	23.4
G. max	14	15.4	22.1	24.6

*O valor IC_{50} é definido como a quantidade de extrato (μg) necessária para inibir a atividade enzimática em 50% numa determinada mistura de reação de 350μl. A análise de regressão linear da porção linear da curva de inibição dependente da dose de cada enzima foi utilizada para o cálculo do IC_{50}.

CAPÍTULO - IV

INIBIÇÃO DA ACTIVIDADE DA sPLA2 PELO ÁCIDO OLEANÓLICO E PELA GENISTEÍNA

INTRODUÇÃO

No passado, a inflamação era associada a infecções e ao sistema imunitário. No entanto, provas mais recentes sugerem que um leque muito mais vasto de doenças tem marcadores reveladores de inflamação. Estas incluem a doença arterial e venosa crónica (Schmid-Schonbein et al., 1991; Ross, 1999), a isquemia do miocárdio (Engler et al., 1983; Entman et al., 1991; Anselmi et al., 2004), o acidente vascular cerebral agudo e a doença crónica de Alzheimer (Del Zoppo, 1991; Kontos et al, 1992; Del Zoppo, 1997; Jean et al., 1998; Iadecola e Alexander, 2001) e, mais recentemente, hipertensão arterial (Suematsu et al., 2002) e cancro (Philip et al., 2004; Li et al., 2005; Karin e Greten, 2005). Desde há várias décadas que existem observações clínicas e, recentemente, também provas moleculares de inflamação na osteoartrite (Hedbom e Hauselmann 2002; Sturmer et al., 2004; Benito et al., 2005). Uma forma grave de inflamação é observada no choque e na falência de múltiplos órgãos (Waxman, 1996; Colbert et al., 2004, Schmid-Schonbein e Hugli, 2005), uma condição com uma das mais elevadas taxas de mortalidade. Há sinais de inflamação em doentes com depressão (Kop et al., 2002; Toker et al., 2005), mesmo sem sintomas óbvios de inflamação ou apenas com exposição a riscos ambientais (Pitzer et al., 1996). A lista de doenças que estão associadas a marcadores moleculares de inflamação é grande e está a aumentar. A inflamação é também um problema fundamental nos biomateriais que lidam com os acontecimentos na interface entre um tecido vivo e um implante não vivo ou um enxerto vivo (Anderson, 1988; Liu et al., 1999) e na conceção de substitutos do sangue (Intaglietta, 1999). Por conseguinte, a inflamação é uma questão central nos estudos da doença humana.

A inflamação é principalmente mediada pela fosfolipase A2 (PLA2), que são enzimas extracelulares de baixo peso molecular. Por exemplo, são detectados níveis elevados de enzimas sPLA2 em muitas doenças inflamatórias (Green et al., 1991; Pruzanski et al., 1995) e desempenham um papel fundamental ao libertarem ácido araquidónico livre e lisofosfolípidos, que são precursores da produção de mediadores lipídicos pró-inflamatórios. A ciclo-oxigenase-1/2 (COX-1/2) e a lipoxigenase (LOX) catalisam a síntese de mediadores pró-inflamatórios, como as prostaglandinas, os tromboxanos e os leucotrienos, respetivamente. O lisofosfolípido é posteriormente convertido em fator de ativação plaquetária (PAF) pela acetiltransferase, que continua a causar inflamação (Jancar, 1987; Greaves e Camp, 1988).

Além disso, a cascata do ácido araquidónico é considerada uma fonte significativa de ROS (Katsuki e Okuda., 1995; Rao et al., 1999), tais como $O_2^{\cdot-}$ e $OH^{\cdot}$ (Kontos et al., 1985; Chan et al., 1988). Estes ROS, por sua vez, induzem a peroxidação lipídica da membrana, produzindo ácidos gordos peroxidados que potenciam a ativação da enzima PLA2 (Sevanian e Kim, 1985), amplificando assim a lesão. Pensa-se que a ativação da PLA2 contribui para a lesão dos tecidos em vários processos fisiopatológicos nos rins (Smith et al., 1980), no cérebro (Bazan, 1970), no coração (Chien et al., 1984; Chien et al., 1985) e no fígado (Chien et al., 1978).

Os radicais livres gerados no local da inflamação servem como parte do mecanismo de defesa, prejudicando os agentes patogénicos invasores. A geração de radicais livres, se persistir após o papel defensivo, resulta numa complicação mais deletéria. Nestas condições, a regulação destes radicais livres é igualmente importante para a regulação dos eicosanóides pró-inflamatórios. Uma vez que a produção contínua de mediadores lipídicos pró-inflamatórios, juntamente com estes radicais livres, aumenta a doença inflamatória crónica em várias vezes. Assim, a PLA2 catalisa o passo limitador da taxa na via dos eicosanóides, gerando mediadores lipídicos pró-inflamatórios e radicais livres, pelo que é considerada uma enzima crucial em várias doenças inflamatórias.

As terapias anti-inflamatórias actuais incluem os fármacos anti-inflamatórios não esteróides que inibem as enzimas LOX ou COX-1/2. Os inibidores específicos das enzimas LOX e COX-1/2 têm efeitos secundários graves, como ulcerações intestinais, hemorragias e complicações cardiovasculares (Vane e Botting, 1998). Para além destes problemas, os inibidores da COX-1/2 ou da LOX não conseguem regular a produção de leucotrienos ou de PAF, que continuam a causar inflamação (Vane e Botting, 1998). Parece racional que inibidores eficazes da sPLA2 possam esgotar as fontes de ácido araquidónico e, por conseguinte, os seus metabolitos a jusante e o PAF não afectem a homeostasia das enzimas LOX e COX-1/2. Os tratamentos anti-inflamatórios que se revelaram eficazes numa doença podem revelar-se ineficazes noutra, abrindo assim um leque mais vasto de oportunidades de intervenção.

Os metabolitos secundários de origem vegetal são cada vez mais populares na promoção da saúde humana devido às suas propriedades nutricionais e medicinais. As plantas contêm uma grande variedade de fitoquímicos, tais como terpenos, alcalóides, flavonóides, antocianinas, taninos, etc. Em particular, os terpenóides e os flavonóides são uma classe muito vasta de fitoquímicos do reino vegetal que apresentam uma vasta gama de actividades biológicas e, por conseguinte, um interesse crescente para a investigação. Os relatórios recentes mostraram que alguns dos triterpenóides e flavonóides são anti-oxidantes e demonstraram a capacidade de interferir com a complexa rede de vias bioquímicas ligadas à inflamação (Weng et al., 2003; Monti et al., 2003; Monti et al., 2004; Chacko et al., 2007).

No presente estudo, as plantas como *B. diffusa, C. serratum, G. max e M. uniflorum* mostraram uma boa inibição da atividade da PLA2 (capítulo III). Alguns dos compostos destas fontes vegetais, tais como o ácido gálico, o ácido ferúlico, o ácido oleanólico, o ácido clorogénico, o ácido cafeico, a genisteína e a silimarina, foram analisados quanto à inibição da PLA2 em função da atividade anti-inflamatória. O ensaio inibitório preliminar mostrou que o ácido oleanólico e a genisteína são bons inibidores da sPLA2. Em termos de atividade anti-inflamatória, o mecanismo de ação do ácido oleanólico e da genisteína na regulação da produção de mediadores lipídicos pró-inflamatórios ainda não foi explorado.

Por conseguinte, o efeito do ácido oleanólico e da genisteína em diferentes enzimas sPLA2 com diferentes parâmetros foi efectuado para comprovar as suas propriedades anti-inflamatórias. Foi também verificada a sua potencial atividade antioxidante.

RESULTADOS

Algumas das plantas medicinais e leguminosas importantes foram analisadas quanto à inibição da sPLA2, bem como quanto à atividade antioxidante (Capítulo III). Entre os vários extractos, o extrato etanólico de *B. diffusa* e *C. serratum*; e os extractos aquosos de *G. max* e *M. uniflorum* exibiram uma maior inibição da PLA2 e atividade antioxidante. A partir destes extractos, os principais constituintes químicos foram identificados a partir da literatura e os mesmos foram obtidos e testados para a inibição da sPLA2. Os principais fitoquímicos obtidos são o ácido cafeico (Gulcin, 2006), o ácido oleanólico (Yin e Chan, 2007), o ácido ferúlico (Kanski et al., 2002), o ácido gálico (Abdelwahed et al., 2007), a genisteína (Foti et al., 2005), o ácido clorogénico (Sim et al., 2009) e a silimarina (Koksal et al., 2009), que foram testados quanto à inibição da enzima sPLA2 em relação à propriedade antioxidante.

As soluções frescas de vários inibidores foram preparadas por dissolução em solventes como o tampão DMSO/Tris-HCl, pH 8,0 (ácido cafeico, silimarina, ácido gálico, ácido oleanólico e genisteína) ou etanol (ácido ferúlico e ácido clorogénico). Foi realizada a atividade antioxidante e a inibição *in vitro* da atividade da HSF-PLA2 por estes compostos (Figura 4.01A e 4.01B). A taxa de inibição da PLA2 por estas moléculas está em correlação direta com a sua atividade antioxidante. A genisteína apresentou uma maior atividade antioxidante, seguida do ácido oleanólico e do ácido gálico, em comparação com o padrão butil-hidroxil-anisol (BHA). Moléculas como o ácido ferúlico e o ácido clorogénico apresentaram uma menor atividade antioxidante e a silimarina apresentou uma maior atividade em comparação com o BHA. O ácido oleanólico e a genisteína inibiram a atividade da PLA2 em mais de 90%, ao passo que a silimarina apresentou uma inibição superior a 50%. Os compostos como o ácido ferúlico e o ácido clorogénico foram os que inibiram menos.

O ácido oleanólico é rico em plantas, *B. diffusa* e *C. serratum* e a genisteína é rica em plantas leguminosas como *G. max* e *M. uniflorum*. A inibição máxima da atividade da sPLA2 alcançada pelos extractos brutos destas plantas pode dever-se à elevada concentração de ácido oleanólico e genisteína. Uma vez que estes compostos puros exibiram uma forte atividade antioxidante e inibição da PLA2, foram realizados mais estudos com estas moléculas. A estrutura química do ácido oleanólico e da genisteína está representada nas figuras 4.02A e 4.02B, respetivamente. Ambas as moléculas têm um anel aromático com ligações duplas conjugadas, grupos hidroxilo, grupo ceto (genisteína) e grupo ácido (ácido oleanólico) que podem ser responsáveis pela sua potencial atividade antioxidante.

Além disso, o ácido oleanólico é avaliado quanto à sua potência na inibição de diferentes enzimas PLA2. A solução de ácido oleanólico foi preparada dissolvendo 1 mg em 50µl de DMSO e completada até 1ml com tampão Tris-HCl 100 mM (pH 7,4). A inibição da sPLA2 do líquido sinovial humano (HSF), do líquido pleural humano (HPF) e dos venenos de serpentes, *Vipera russelli* (VRV-V-PLA2) e *Naja naja* (NN-I-PLA2) foi efectuada com as concentrações indicadas de ácido oleanólico. O ácido oleanólico inibiu todas as enzimas sPLA2 de forma dependente da concentração. Verificou-se que a extensão da inibição das enzimas VRV-V-PLA2, HSF-PLA2 e HPF-PLA2 era >90% a uma concentração de 20µM e a NN-I-PLA2 era 83% à mesma concentração (Figura 4.03A). As experiências de controlo foram realizadas com DMSO (a concentração mais elevada de DMSO utilizada foi de 0,037%).

Do mesmo modo, a solução de genisteína foi preparada dissolvendo 2 mg em 50 µl de DMSO e completada até 1 mL com tampão Tris-HCl 100 mM (pH 7,4). A solução de genisteína foi verificada quanto à inibição de diferentes enzimas

PLA2. A genisteína inibiu todas as enzimas PLA2 de forma dependente da concentração (Figura 4.03B). A porcentagem de inibição varia significativamente entre as quatro diferentes enzimas sPLA2 nas concentrações de inibidor 15 e 21μM, conforme testado por ANOVA com valor F de (3, 8); 153.184; p. <0.01e (3, 8); 130.063; p <0.01, respetivamente. Os valores de IC_{50} da genisteína para estas sPLA2 foram de 5,75 - 11,75μM com um limite de confiança de 95% (Tabela 4.01). No entanto, uma análise mais aprofundada (testes Post Hoc) revelou que a diferença significativa na inibição de sPLA2 entre os venenos de e os fluidos inflamatórios foi de até 15μM de concentração. A concentração máxima de DMSO utilizada é de 0,027%.

Os valores IC_{50} são calculados por análise de regressão linear da porção linear da curva de resposta à concentração utilizando o software Graphpad versão 5.0 USA. Os valores de IC_{50} do ácido oleanólico e da genisteína para estas enzimas sPLA2 variam entre 3,08-7,78μM e 5,75 -11,75μM, respetivamente, com um limite de confiança de 95% (Tabela 4.01). O ácido ursólico é o inibidor de sPLA2 conhecido do nosso laboratório (Nataraju et al 2007), utilizado como controlo positivo para todos os ensaios inibitórios neste estudo. Os valores de IC_{50} do ácido ursólico para estas enzimas sPLA2 situaram-se no intervalo de 12-18μM.

Para compreender o mecanismo pormenorizado de inibição da sPLA2 pelo ácido oleanólico e pela genisteína, examinámos a sua inibição em função da concentração do substrato. A mistura de reação de 350μl contendo VRV-V-PLA_2 sozinho ou com concentração IC_{50} de inibidor em tampão Tris-HCl 100mM, pH 7,4 e 5 mM de cálcio. A adição de várias concentrações de substrato iniciou a reação e o ensaio foi efectuado. A atividade de VRV-V-PLA2 na ausência ou presença da concentração IC_{50} de ácido oleanólico e genisteína aumenta linearmente com o aumento da concentração de substrato (Figura 4.04A e 4.05A). A atividade máxima foi observada a 120 nmol de fosfolípido. A percentagem de inibição pelo ácido oleanólico e pela genisteína foi de aproximadamente 51% e manteve-se constante ao longo de toda a gama de concentrações de substrato utilizada (Figura 4.04B e 4.05B).

Foi determinada a possibilidade de inibição da sPLA2 por quelação de iões metálicos. A inibição de VRV-V-PLA2 foi efectuada com a concentração IC50 de ácido oleanólico e genisteína, aumentando a concentração de cálcio, conforme determinado pelo ensaio padrão de PLA2 radiomarcada. O aumento da concentração de cálcio de 0-15 mM aumenta linearmente a atividade da sPLA2, mas não altera a extensão da inibição (~ 50 %) por uma determinada concentração de inibidores (Figura 4.06A e 4.07A). A inibição da sPLA2 por estes inibidores é independente da concentração de cálcio e não inibe a atividade quelando os iões de cálcio necessários para a atividade da enzima. Assim, exclui-se o envolvimento do ácido oleanólico e da genisteína na ligação ao cálcio.

Os estudos acima referidos demonstraram claramente que a inibição pelo ácido oleanólico e pela genisteína se faz por interação direta com a enzima e que a ligação não se faz na região de ligação ao substrato ou de ligação ao cálcio da enzima. Para confirmar ainda mais a associação direta dos inibidores com a enzima sPLA2 e para conhecer a reversibilidade da ligação dos inibidores à enzima, foi estudado o efeito da diálise na inibição do ácido oleanólico e da genisteína. A mistura de reação contendo enzimas sPLA2 (HSF-PLA2, HPF-PLA2, VRV-V-PLA2 e NN-I-PLA2) com concentração IC50 de inibidores, uma alíquota destas misturas foi testada quanto à atividade de PLA2 antes da diálise. A mistura restante foi dialisada e, em seguida, a atividade da PLA2 foi verificada. O resultado mostra que a mistura inibidora-PLA2 dialisada mostrou um grau equivalente de inativação em comparação com as amostras pré-dialisadas. A percentagem de inibição das PLA2s antes e depois da diálise está resumida (Tabela 4.02 e 4.03).

Além disso, examinámos a capacidade do ácido oleanólico e da genisteína para a interação direta com VRV-V-PLA2 e NN-I-PLA2 por espetroscopia de fluorescência. Inicialmente, foram obtidos os espectros de fluorescência intrínseca de VRV-V-PLA2 e NN-I-PLA2. A absorvância máxima da VRV-V-PLA2 situou-se a 340 nm, correspondendo ao aminoácido triptofano. A NN-I-PLA2 apresentou intensidade máxima a 345 nm. A adição de um inibidor na gama de 0,02 - 0,1 μM às enzimas VRV-V-PLA_2 e NN-I-PLA_2 aumenta a intensidade relativa da fluorescência. Na concentração de 0,1 μM de ambos os inibidores, a intensidade da fluorescência intrínseca foi mais elevada. A intensidade máxima de VRV-V-PLA2 após a adição do inibidor (ácido oleanólico e genisteína) foi ligeiramente deslocada para um comprimento de onda inferior (Figura 4.08 e 4.09). A absorvância máxima da NN-I-PLA2 após a adição de ácido oleanólico foi deslocada para um comprimento de onda superior (365 nm) (Figura 4.10), mas a genisteína desloca a intensidade máxima para um comprimento de onda inferior (330 nm) (Figura 4.11). Estes estudos de fluorescência indicam que o inibidor interage diretamente com a enzima sPLA2.

Além disso, o estudo da interação do ácido oleanólico e da genisteína com as enzimas sPLA2 foi efectuado utilizando o estudo de interação CD. O espetro longínquo de UV-CD da enzima VRV-V-PLA2 na mistura de reação sem inibidor apresentou duas bandas negativas caraterísticas, que tinham uma absorvância máxima a 209 e 223 nm. As bandas negativas de absorvância diminuíram e a altura do pico foi significativamente reduzida em comparação com a banda da proteína nativa na presença da concentração IC50 de ácido oleanólico e genisteína (Figura 4.12 painel I e 4.13 painel I). Em particular, o ácido oleanólico diminui significativamente o pico de 209 nm e o pico de 223 nm foi deslocado abruptamente, tendo sido observados dois pequenos picos a 208 e 221 nm (figura 4.12, painel I). Um estudo de interação semelhante com a NN-I-PLA2 mostrou uma banda negativa grande e proeminente caraterística entre 210 e 215 nm. Com a adição da concentração IC50 dos inibidores, o espetro da enzima sPLA2 alterou-se aparentemente. (Figura 4.12 painel-II e 4.13 painel-II). O pico negativo da proteína nativa foi alterado para um pico positivo nos mesmos 204 nm. A alteração da percentagem de estruturas secundárias após a interação de VRV-V-PLA2 e NN-I- PLA2 com concentrações IC50 de ácido oleanólico e genisteína está resumida nos quadros 4.04 e 4.05. O estudo de CD confirma os dados de fluorescência de que o ácido oleanólico e a genisteína interagem diretamente com a enzima.

Após a compilação das evidências obtidas a partir da interação *in vitro* e, consequentemente, da inibição das enzimas sPLA2 pelo ácido oleanólico e pela genisteína, foram realizados estudos para a neutralização da atividade enzimática *in situ*. A enzima VRV-V-PLA2 sozinha apresentou 94 ± 2,0 % de hemólise de eritrócitos humanos quando incubada durante 30 minutos a 37 °C, que é uma forma indireta de medir a atividade da PLA2 utilizando gema de ovo e eritrócitos lavados como substrato. A membrana intacta *de E. coli* é utilizada como substrato no ensaio *in vitro*. Isto é comparado com a hemólise causada pela adição de água destilada como controlo positivo. Quando o VRV-V-PLA2 foi pré-incubado com inibidores na gama de 0 - 18 μM durante 30 min, o ácido oleanólico e a genisteína inibiram a atividade hemolítica indireta de uma forma dependente da dose (Figura 4.14A e B). A inibição da atividade hemolítica pelo ácido oleanólico e pela genisteína foi > 90 % para o VRV-V-PLA2 a uma concentração de inibidores de 18 μM. Estes dados estão correlacionados com a inibição *in vitro* da PLA_2 pelos inibidores.

O desenvolvimento de qualquer fármaco anti-inflamatório requer o exame da sua eficácia contra a inflamação induzida por enzimas nos modelos animais. Foi estudado o efeito do ácido oleanólico e da genisteína na atividade indutora de edema *in vivo* da sPLA2. A injeção da enzima VRV-V-PLA2 isolada na pata do rato induziu um rácio de edema> 181 % em comparação com as experiências de controlo. Como se mostra na Figura 4.15A e B, o ácido oleanólico e a genisteína inibiram a formação de edema de forma dependente da dose quando co-injectados com a enzima VRV-V-PLA2. A enzima foi pré-incubada durante 30 minutos a 37 °C com os inibidores antes da co-injeção nas patas dos ratinhos. O ácido oleanólico diminuiu o rácio do edema para 119% a 18μM e a genisteína reduziu para 118% a 21μM de concentração. O IC_{50} aparente para a inibição do edema pelo ácido oleanólico e pela genisteína foi de 5,3 μM e 8,6μM, respetivamente, o que está de acordo com os estudos de inibição *in vitro* e *in situ*.

A inibição da enzima sPLA2 pelo ácido oleanólico e pela genisteína foi ainda confirmada por estudos de acoplamento utilizando o programa de acoplamento *Hex 5.1* (Mustard e Ritchie, 2005). Os estudos de acoplamento da HSF-PLA2 com o ácido oleanólico e a genisteína revelaram que são bons inibidores da sPLA2, que apresentam a afinidade mais elevada com um valor mínimo de -270,12 e -232,07, respetivamente. As imagens de ancoragem dos complexos HSF-PLA2 e ácido oleanólico e genisteína são apresentadas nas figuras 4.16 e 4.17, respetivamente.

Indiscutivelmente, o ácido oleanólico e a genisteína inibem a atividade sPLA2 *invitro*, a atividade hemolítica *in situ* e a atividade indutora de edema *invivo* da sPLA2 através da interação direta. O ácido oleanólico e a genisteína mostraram uma afinidade ligeiramente maior para as enzimas sPLA2 do grupo IIA, quer do veneno de cobra quer da fonte inflamatória humana. Ambos são muito bons anti-oxidantes; comparativamente, a genisteína tem maior atividade.

DISCUSSÃO

As substâncias químicas derivadas de plantas são de potencial interesse para intervenções terapêuticas em várias doenças inflamatórias. Por esta razão, representam moléculas potenciais para o desenvolvimento de novos fármacos (Calixto et al., 2004). Estas moléculas interferem com três alvos chave envolvidos no processo inflamatório, nomeadamente as vias do metabolismo do ácido araquidónico, do óxido nítrico e do NF-κB (Calixto et al., 2003). A via metabólica do ácido araquidónico é regulada principalmente pela fosfolipase A2 secretora (Cifone et al., 1993). Embora existam múltiplas vias para a libertação do ácido araquidónico dos lípidos da membrana, a hidrólise do ácido gordo mediada pela PLA2 é a via mais direta. As substâncias químicas actuam quer através da inibição das enzimas pró-inflamatórias (PLA2, COX e LOX) quer através da inibição de outros processos de inflamação, como a inibição da libertação de citocinas (IL-1β, TNF-α) e a inibição da desgranulação dos mastócitos, que contribuem de forma proeminente para as doenças inflamatórias crónicas. A PLA2 catalisa a produção de eicosanóides pró-inflamatórios e radicais livres. Por conseguinte, a inibição da PLA2 é legítima na neutralização da inflamação.

Muitos inibidores da PLA2, como os flavonóides, os retinóides e a vitamina E, são antioxidantes, conhecidos por actuarem como compostos anti-inflamatórios ao eliminarem os radicais livres (Fawzy et al., 1988; Vikas et al., 2002). Os antioxidantes também previnem a peroxidação lipídica causada por espécies reactivas de oxigénio (ROS), impedindo assim a formação de peróxidos lipídicos que, por sua vez, podem ativar a enzima PLA2. Por conseguinte, a eliminação destas ERO pelos antioxidantes interrompe a ativação da cascata do ácido araquidónico mediada pela PLA2. Vários fármacos com atividade de eliminação de radicais ou de inibição da peroxidação lipídica foram testados quanto aos seus possíveis efeitos protectores contra as lesões neuronais isquémicas provocadas pelos radicais livres, com resultados positivos (Kitagawa et al., 1990; Phillis e Clough-Helfman, 1990; Hall et al., 1990; Hara et al., 1990 e 1991). Por exemplo, o MCI-186, um eliminador de radicais e antioxidante, inibiu o agravamento do edema cerebral pós-isquémico (Abe et al., 1988; Nishi et al., 1989; Watanabe e Egawa, 1994). Um antioxidante solúvel em lípidos α-tocoferol protegeu significativamente os neurónios do hipocampo da toxicidade do ácido araquidónico.

Compostos derivados de plantas, como o ácido aristolóquico, o ácido rosmarínico, a nepetina, a ochnaflavona e a melanina, foram isolados com base no fracionamento guiado pela atividade dos respectivos extractos brutos de solvente das plantas-mãe, utilizando enzimas PLA2 de diferentes grupos (Vishwanath et al., 1987; Chang et al., 1994; Sala et al., 2000; Bernard et al., 2001; Ticli et al., 2005). Foram realizados muitos estudos sobre esta enzima utilizando flavonóides de diferentes tamanhos moleculares e com diferentes grupos activos, que são derivados de fontes vegetais (Lindahl e Tagesson, 1997; Gil et al., 1997; Kim et al., 2004). Os compostos como o ácido oleanólico, o ácido ursólico, o ácido clorogénico, o ácido ferúlico, o ácido cafeico, a genisteína e a silimarina são os principais metabolitos presentes nos extractos de plantas medicinais e leguminosas testados. Entre alguns destes compostos, o ácido oleanólico e a genisteína apresentaram uma maior inibição da enzima PLA2.

O ácido oleanólico (ácido 3β-hidroxi-olea-12-en-28-oico) é um triterpenóide amplamente presente em alimentos e plantas medicinais, conhecido pelas suas propriedades anti-inflamatórias. O ácido oleanólico e o seu isómero, o ácido ursólico, são triterpenóides omnipresentes no reino vegetal e fazem parte integrante da dieta humana. O ácido oleanólico tem actividades anti-inflamatórias, anti-artríticas, anti-hiperlipidémicas e anti-HIV (Somova et al., 2003a & 2003b; Altinier et al., 2007; Dharmappa et al 2009a) e é também um bom anti-oxidante com maior atividade do que o ácido ursólico e o antioxidante padrão butil-hidroxil-anisol (BHA). Os derivados do ácido oleanólico são potentes inibidores dos processos inflamatórios celulares. O ácido oleanólico actua através da indução, pelo IFN-gama, da óxido nítrico sintase induzível (iNOS) e da ciclo-oxigenase 2 em macrófagos de rato. O ácido oleanólico é também referido como sendo contra o stress oxidativo (Dinkova-Kostova et al., 2005).

A genisteína (4, 5, 7-Trihidroxiisoflavona), que é uma das principais isoflavonas da soja e de outras leguminosas, tem um efeito inverso na atividade antioxidante em comparação com outras isoflavonas (Valsecchi et al., 2008; Seibel et al., 2009). Foram elucidados muitos efeitos biológicos importantes do consumo de genisteína no que diz respeito às suas actividades anticancerígenas, anti-inflamatórias e antioxidantes (Valsecchi et al., 2008; Dharmappa et al., 2009b). No entanto, a genisteína tem muitos outros benefícios importantes para a saúde, como a prevenção da osteoporose e a atenuação dos problemas pós-menopausa (Marini et al., 2007). Além disso, foi relatado que a genisteína protege contra a disfunção da barreira endotelial vascular induzida por factores pró-inflamatórios e inibe a interação leucócito-endotélio, modulando assim a inflamação vascular, um evento importante na patogénese da aterosclerose (Si e Liu, 2007). Foi também relatado que a genisteína reduziu significativamente a produção de espécies reactivas de oxigénio em células HK-2 de rim humano normal tratadas com cisplatina.

Desde então, o ácido oleanólico e a genisteína são explorados pela sua atividade anti-inflamatória. Demonstramos a atividade anti-inflamatória do ácido oleanólico e da genisteína através da inibição de diferentes enzimas sPLA2. Ambos os compostos inibem a sPLA2 dos fluidos inflamatórios humanos e do veneno da cobra *V. russellii*, que pertencem todos ao grupo IIA sPLA2. As PLA2s inflamatórias humanas são mais sensíveis à inibição pelo ácido oleanólico e pela genisteína do que as PLA2 do veneno da serpente *V. russellii.*

Para verificar se estes inibidores são capazes de inibir outras sPLA2s, utilizámos a NN-I- PLA2 do veneno da cobra *N. naja*, que pertence ao grupo IA. Ambos os compostos inibiram ligeiramente menos a NN-I-PLA2 do que as sPLA2s do grupo II, indicando que o ácido oleanólico e a genisteína são fortes inibidores das enzimas sPLA2 inflamatórias humanas. A inibição das enzimas sPLA2 do veneno de cobra por estes inibidores recomenda a sua utilização no tratamento da inflamação causada por veneno de cobra, onde as enzimas sPLA2 causam os danos máximos.

A inibição da sPLA2 através da ligação dos inibidores ao substrato fosfolipídico (perturbando a estrutura da bicamada ou ocultando-a da vizinhança da enzima) e afectando a qualidade da interface que torna os fosfolípidos inacessíveis à enzima é uma dúvida quanto à potência dos inibidores da sPLA2. Os inibidores da sPLA2 induzíveis por esteróides , como a lipocortina I e II, inibem a sPLA2 através de uma ligação não específica e afectando a "qualidade da interface" dos fosfolípidos da membrana. De notar que a inibição por estes agentes foi aliviada quando a concentração de substrato foi aumentada na mistura de reação (Davidson et al., 1987). Contrariamente a isto, a inibição pelo ácido oleanólico e pela genisteína é independente da concentração de substrato e não foi aliviada pelo aumento da concentração de substrato até ao dobro da quantidade utilizada na mistura de ensaio normal. O estudo de diálise também confirmou que a inibição é irreversível, apoiando a interação direta do ácido oleanólico e da genisteína com a enzima sPLA2.

Alguns dos inibidores da sPLA2 demonstraram mediar a deslocação do cálcio cataliticamente essencial da enzima e, por conseguinte, a inibição por estes agentes parece estar dependente do cálcio. Verificou-se que a concentração de cálcio não alterou a inibição pelo ácido oleanólico e pela genisteína, mesmo quando foi utilizada uma concentração elevada de cálcio. Isto também inferiu a interação direta destes inibidores com a enzima para inibição em vez de quelarem o cálcio, um cofator necessário para as enzimas dependentes do cálcio utilizadas neste ensaio. Foram publicados relatórios semelhantes contra as mesmas enzimas quando foram estudados inibidores como a bilirrubina, o ácido aristolóquico e a ochnaflavona (Rosenthal et al., 1989; Chang et al., 1994; Jameel et al., 2005). Por conseguinte, exclui-se o envolvimento do ácido oleanólico e da genisteína na ligação ao ião cálcio, conduzindo assim à inibição.

Os estudos das interações inibidor-enzima são frequentemente apoiados por estudos de interação flurimétrica. Muitos inibidores das enzimas PLA2 provocam alterações na intensidade dos espectros ou na fluorescência nativa caraterística da enzima. O estudo de interação por fluorescência mostra que tanto o ácido oleanólico como a genisteína aumentam a emissão de fluorescência da sPLA2 (VRV-V-PLA2 e NN-I-PLA2) de uma forma dependente da dose. A alteração da fluorescência intrínseca reflecte a alteração conformacional da enzima devido à interação com o substrato ou o ligando (Nataraju et al., 2007). Isto pode levar ao desdobramento da enzima e, por conseguinte, à exposição dos grupos necessários para a absorção da fluorescência. Assim, a partir da medição da fluorescência e da experiência de alívio do substrato, pode concluir-se que a inibição por estas moléculas se deve à interação direta com a enzima e não com o substrato.

Sabe-se que a interação de uma molécula linear ou aromática com a cadeia de aminoácidos de uma proteína polipeptídica induz grandes alterações de quiralidade e, consequentemente, efeitos significativos nos espectros de CD da proteína. Muitos relatórios indicaram as alterações no espetro nativo das enzimas sPLA2 quando é adicionado um ligando. A interação da VRV-V-PLA2 com o ácido aristolóquico foi muito bem estudada (Vishwanath et al., 1987). Os espectros de CD das proteínas na região do UV distante devem-se às transições ópticas das ligações amida. Este espetro mostra a orientação dos planos peptídicos nos elementos estruturais secundários bem ordenados. Explorando este fenómeno, é possível determinar a estrutura secundária global das proteínas em solução, revelando os principais motivos conformacionais, tais como α-hélices, β-folhas, β-voltas e espirais aleatórias. Estas contribuições de CD são muito sensíveis a alterações no ambiente do cromóforo e, por conseguinte, são adequadas para acompanhar as alterações na estrutura secundária das proteínas, bem como a sua ligação aos ligandos (Venyaminov e Yang, 1996). A este respeito, foi demonstrado anteriormente que a adição de inibidores à enzima sPLA2 altera a sua conformação, aumentando e/ou diminuindo a sua percentagem de hélice α (Lin et al., 2000; Vishwanath et al., 1987; Marshall et al., 1987). No nosso estudo, a interação do ácido oleanólico e da genisteína com VRV-V-PLA2 e NN-I-PLA2 foi confirmada por estudos de CD. Estes inibidores alteraram efetivamente os espectros longínquos de UV-CD das enzimas VRV-V-PLA2 e NN-I- PLA2. A alteração do espetro confirma a interação direta dos inibidores com as enzimas sPLA2.

A reversibilidade e as caraterísticas de ligação foram investigadas diretamente pelo método de diálise. A mistura de reação é dialisada e a percentagem de inibição da enzima sPLA2 antes e depois da diálise foi determinada. Este resultado confirmou mais uma vez que o inibidor se liga diretamente à enzima sPLA2 e causa uma inibição irreversível .

A atividade hemolítica *in situ* é uma forma indireta de medir a atividade da PLA2, utilizando fosfolípidos brutos da gema de ovo dispersos sob a forma de micelas juntamente com eritrócitos lavados (Boman & Kaletta, 1957). As moléculas, ácido oleanólico e genisteína, ligam-se às enzimas sPLA2 de forma irreversível e anulam a atividade catalítica da enzima, independentemente da natureza do substrato fornecido para a sua atividade. Isto reflectiu-se na inibição tanto da inibição in vitro da PLA2 como da atividade hemolítica indireta, em que a natureza do substrato é totalmente diferente. Devido a esta natureza, estes inibidores podem ser prontamente administrados no modelo in vivo.

Os modelos do ratinho e da ratazana são utilizados para estudar a atividade anti-inflamatória das enzimas sPLA2, uma vez que estas enzimas provocam uma inflamação caraterística nos animais após a injeção nas suas patas ou articulações. Isto pode dever-se ao seu efeito combinado de hidrolisar os fosfolípidos da membrana, resultando na perda de integridade da membrana, bem como à sua atividade metabólica que gera produtos pró-inflamatórios, como os eicosanóides, que depois funcionam para amplificar o evento inflamatório (Hope et al., 1990; Gil et al., 1994). Vários estudos com agentes modificadores específicos da enzima PLA2, como o p-BPB, resultaram na perda da atividade enzimática e da atividade indutora de edema, indicando diretamente que o edema produzido por estas enzimas PLA2 é mediado pelo domínio catalítico da enzima (Vishwanath et al., 1987). No nosso estudo, o ácido oleanólico e a genisteína reduziram a atividade indutora de edema da VRV-V-PLA2 em mais de 75% e o rácio de edema diminuiu significativamente em comparação com a perna edematosa controlada ($p<0,01$). Uma vez que estas moléculas inibem a *sPLA2in-vivo*, são eficazes na prevenção da atividade indutora de edema.

Os estudos de docking são técnicas computacionais para a exploração dos possíveis modos de ligação de um substrato a um determinado recetor, enzima ou outros locais de ligação. O programa gera estruturas tridimensionais com base na sequência de aminoácidos, alinhamentos de uma molécula com uma ou mais estruturas modelo. A cada molécula correspondem funções paramétricas 3D que descrevem a forma da superfície, a carga eletrostática e as distribuições de potencial. O estudo de docking da enzima sPLA2 com o ácido oleanólico e a genisteína confirmou ainda a interação direta com a maior afinidade e o menor valor E.

A inibição concomitante da atividade sPLA2 *in-vitro* e da atividade indutora de edema *in vivo* pelo ácido oleanólico e pela genisteína indica a correlação entre a atividade lipolítica e as actividades pró-inflamatórias. O ácido oleanólico e a genisteína são excelentes moléculas anti-inflamatórias que exibem uma ação farmacológica através da inibição da enzima chave sPLA2. Além disso, a atividade antioxidante da genisteína e do ácido oleanólico pode assim eliminar os radicais livres libertados e os intermediários de radicais livres durante o metabolismo do araquidonato. Por conseguinte, estas moléculas formam uma nova classe de inibidores de sPLA2 com atividade antioxidante a partir de plantas medicinais e nutricionalmente importantes. Outras experiências clínicas podem ajudar a conceber o ácido oleanólico e a genisteína como fármacos anti-inflamatórios úteis.

FIGURES

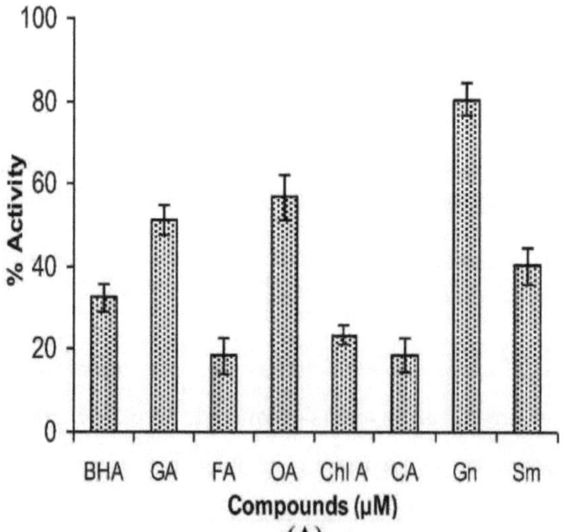

(A)

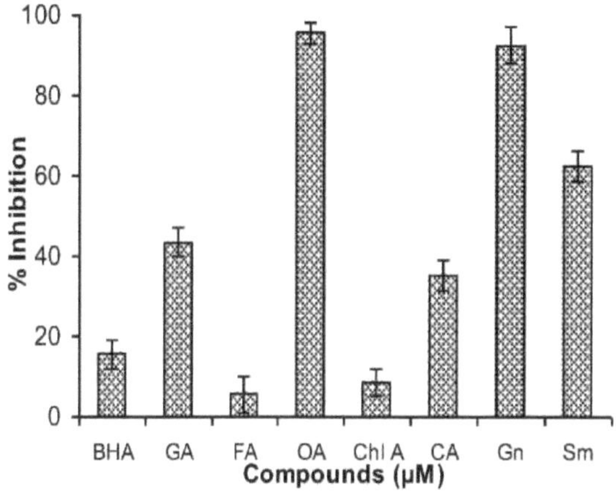

(B)

Figura 4.01 Atividade antioxidante (A) e inibição da atividade da HSF-PLA2 (B) por vários compostos. A atividade antioxidante e a inibição da PLA2 de vários compostos foram determinadas a uma concentração de 25 µM. Ácido gálico (GA), ácido ferúlico (FA), ácido oleanólico (OA), ácido clorogénico (Chl A), ácido cafeico (CA), genisteína (Gn) e silimarina (Sm). A atividade antioxidante foi comparada com o composto padrão butil-hidroxil-anisol (BHA). Os dados representam a média ± SD (n=3).

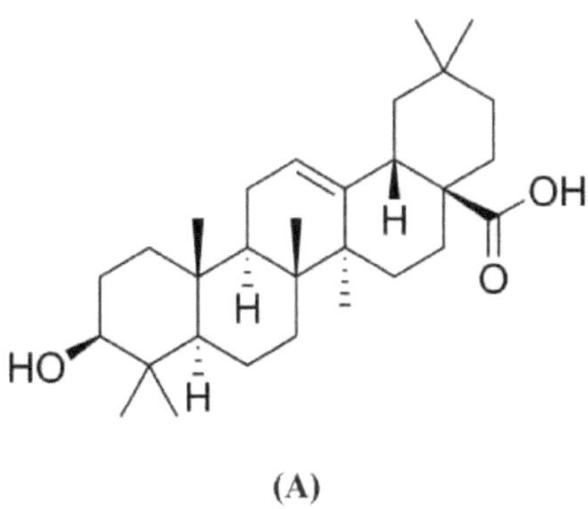

(A)

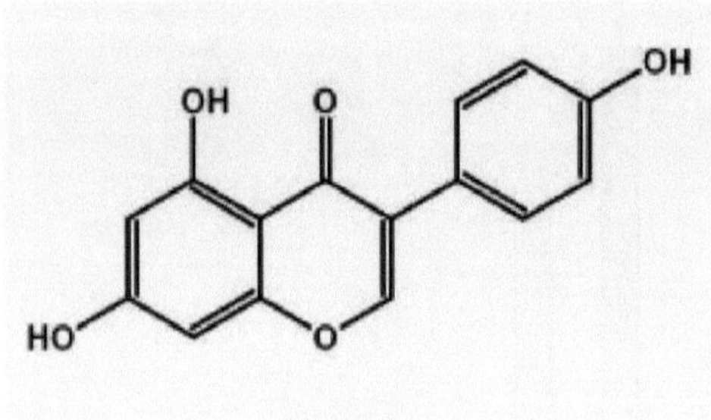

(B)

Figura 4.02 Estrutura dos inibidores: Ácido oleanólico (ácido 3beta-hidroxioleano-12- en-28-óico) (**A**) e Genisteína (5, 7-di-hidroxi-3-(4-hidroxifenil) cromen-4-ona) (**B**).

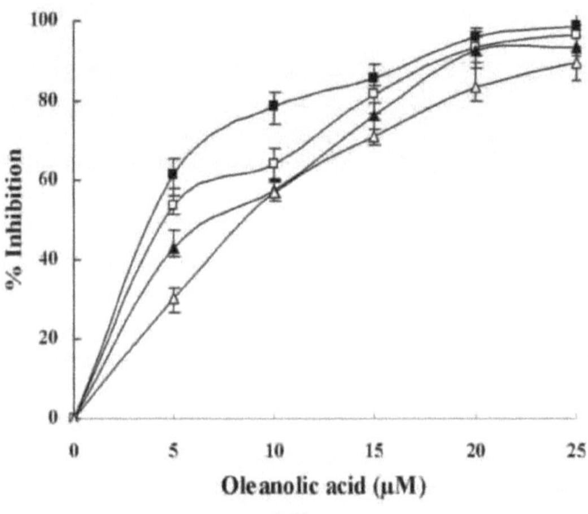

(A)

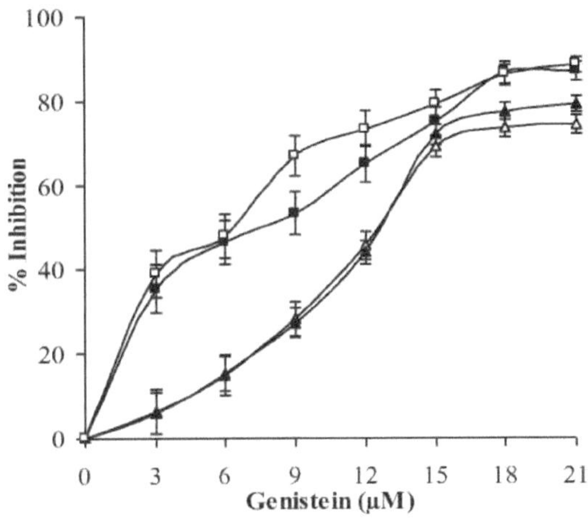

(B)

Figura 4.03 Inibição dependente da dose de diferentes enzimas sPLA2 por ácido oleanólico (A) e genisteína (B). A mistura de reação 350μl continha enzimas sPLA2 em tampão Tris-HCl 100mM pH 7,4, CaCl2 5 mM e a concentração indicada de ácido oleanólico e genisteína. A reação foi iniciada pela adição de 30μl de substrato e incubada a 37 °C durante 1h. A inibição é expressa em percentagem do controlo. Os dados representam a média± SD (n=3). Inibição das sPLA2s pelo ácido oleanólico (**A**)(VRV-V- PLA2 (■), HSF-PLA2 (□), HPF-PLA2 (▲) e NN-I-PLA2 (Δ); Inibição das sPLA2s pela genisteína (**B**)**:** VRV-V-PLA2 (▲), HSF-PLA2 (□), HPF-PLA2 (■) e NN-I-PLA2 (Δ) de forma dependente da concentração.

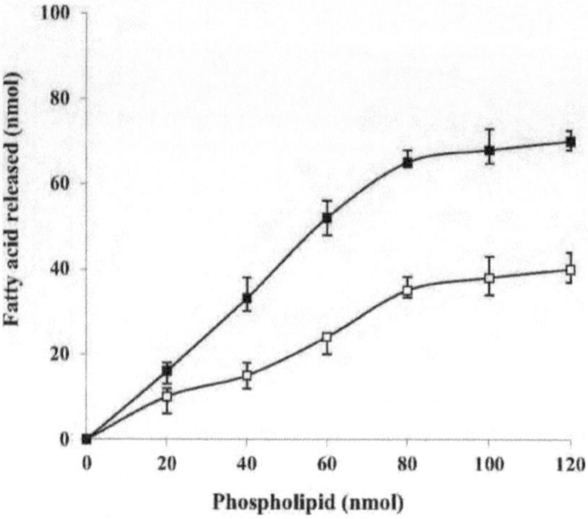

(A)

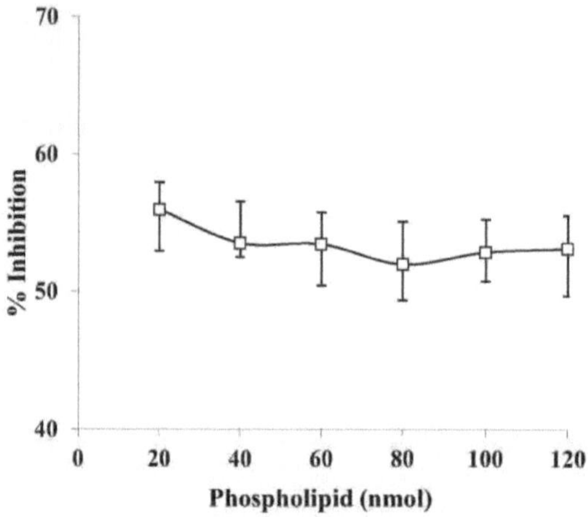

(B)

Figura 4.04 Efeito da concentração de substrato na inibição da VRV-V-PLA2 pelo ácido oleanólico. A mistura de reação contém a enzima VRV-V-PLA2 em tampão Tri- HCl 100 mM pH 7,4, $CaCl_2$ 5 mM, ácido oleanólico e uma concentração crescente de substrato. A reação foi realizada na ausência (■) e na presença da concentração IC_{50} de inibidores (□). A atividade da PLA2 na presença e ausência de inibidor está representada em **A**. A percentagem de inibição na presença da concentração IC_{50} está representada em **B**. Os dados representam a média± SD (n=3).

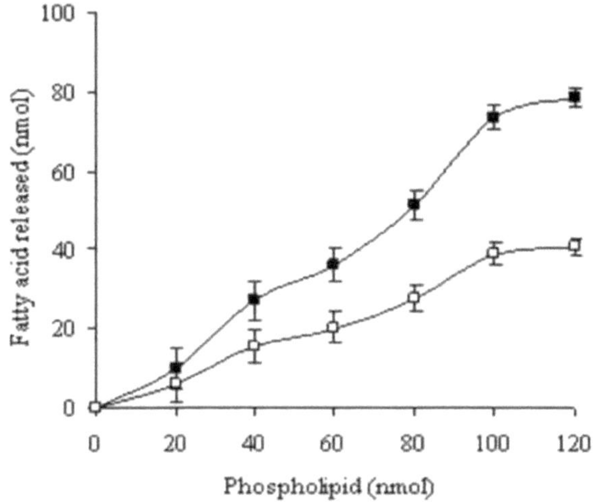

(A)

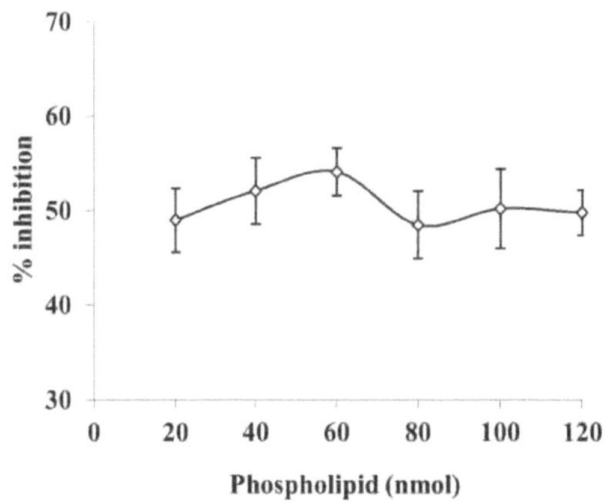

(B)

Figura-4.05: Efeito da concentração de substrato na inibição da VRV-V-PLA2 pela genisteína. A mistura de reação contém a enzima VRV-V-PLA2 em tampão Tri-HCl 100 mM pH 7,4, $CaCl_2$ 5 mM, inibidor e concentração crescente de substrato. A reação foi realizada na ausência (■) e na presença da concentração IC50 dos inibidores (□) (**A**). A figura **(B)** representa a percentagem de inibição na presença da concentração IC50 de genisteína. Os dados representam a média ±

DP (n=3).

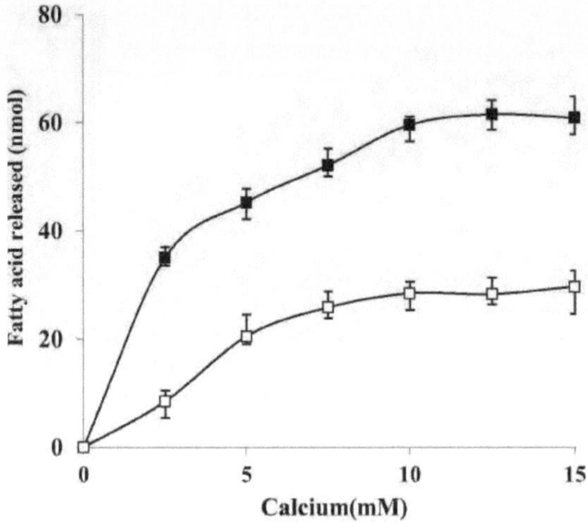

(A)

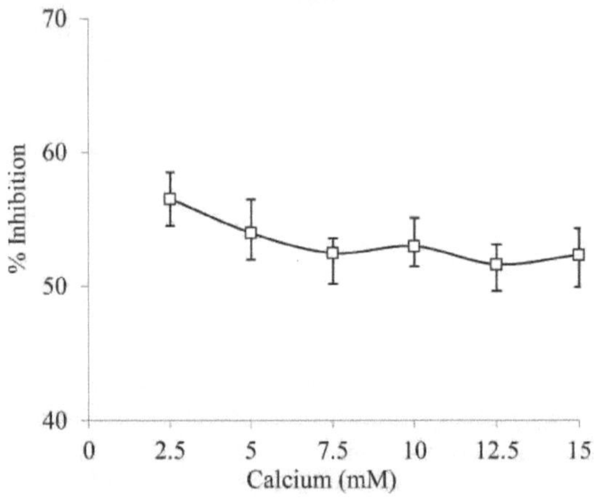

(B)

Figura 4.06 Efeito da concentração de cálcio na inibição da VRV-V-PLA2 pelo ácido oleanólico. A mistura de reação contém a enzima VRV-V-PLA2 em tampão 100 mM Tri- HCl pH - 7,4, 2,5 - 15 mM $CaCl_2$. A reação foi iniciada pela adição de 30μl de substrato. A reação foi realizada na ausência (■) e na presença de concentração IC50 de ácido oleanólico (□). A atividade da PLA2 na presença e ausência de inibidor está representada em **(A)**. A percentagem de inibição na presença da concentração IC50 está representada em (**B**). Os dados representam a média ± DP (n=3).

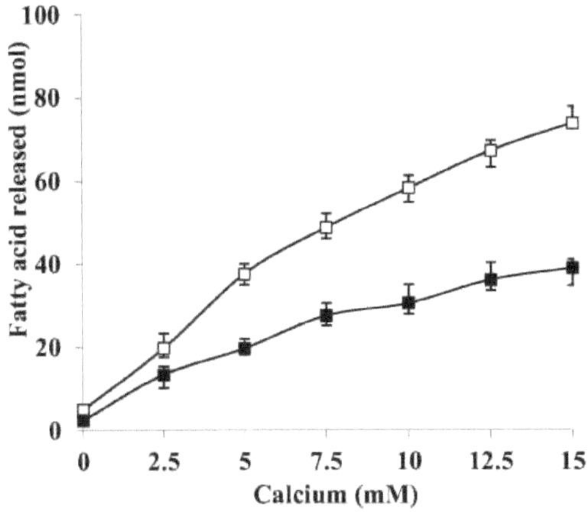

(A)

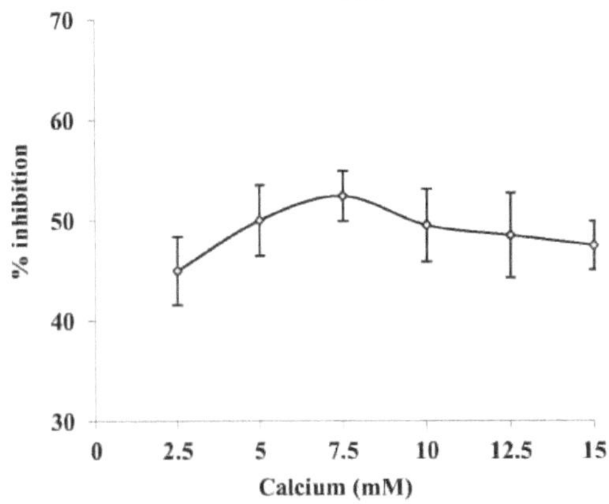

(B)

Figutre 4.07O efeito da concentração de cálcio na inibição da VRV-V-PLA2 pela genisteína. A mistura de reação contém a enzima VRV-V-PLA2 em tampão Tri- HCl 100 mM pH - 7,4, substrato, inibidor e concentração crescente de $CaCl_2$. A reação foi realizada na ausência (□) e na presença da concentração IC50 de genisteína (■). A atividade da PLA2 na presença e ausência do inibidor está representada em (**A**). A figura (**B**) representa a inibição percentual na presença da concentração IC50. Os dados representam a média ± SD (n=3).

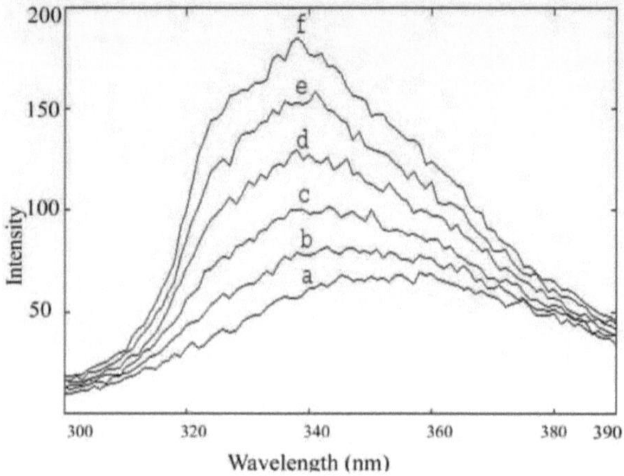

(A)

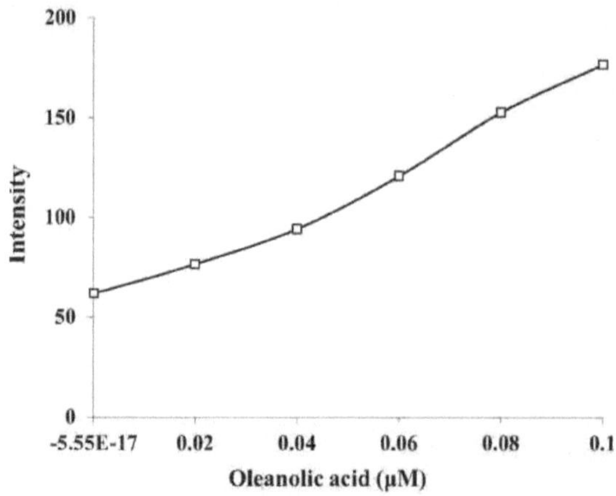

(B)

Figura 4.08 Interação espetral de fluorescência intrínseca da enzima VRV-V-PLA2 com o ácido oleanólico. A mistura de reação continha 20 µg de enzima VRV-V-PLA2 em tampão Tris-HCl 100 mM pH 7,4, CaCl2 5 mM com concentração crescente de ácido oleanólico. Os espectros de fluorescência foram registados após excitação a 280 nm e a intensidade de emissão foi registada entre 300 e 390 nm. Enzima isolada (a), enzima com 0,02, 0,04, 0,06, 0,08, 0,1 µM de ácido oleanólico (b), (c), (d), (e), (f), respetivamente (**A**). A absorvância máxima da emissão de fluorescência do VRV-V-PLA2 antes e depois da adição de cada concentração de ácido oleanólico é de 340 nm (**B**).

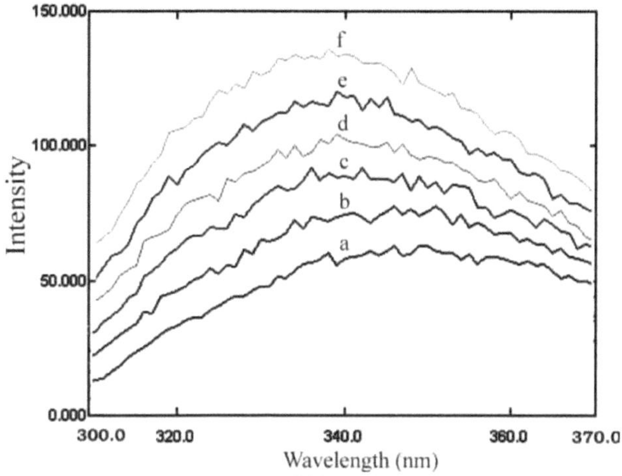

(A)

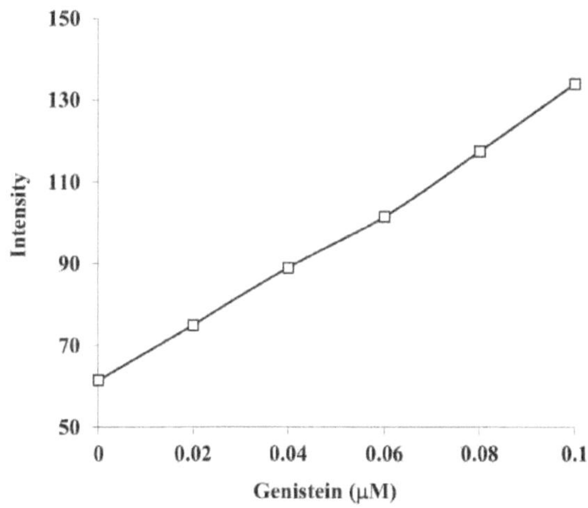

(B)

Figura 4.09Espectro de fluorescência intrínseca da enzima VRV-V-PLA2 com genisteína. Os espectros de fluorescência foram registados após excitação a 280 nm e a intensidade de emissão foi registada entre 300 e 370 nm. (a) A enzima isolada, (b), (c), (d), (e) e (f) são enzimas com 0,02, 0,04, 0,06, 0,08, 0,1 μM de genisteína, respetivamente (**A**). A intensidade máxima de fluorescência do VRV-

V-PLA2 antes e depois da adição de cada concentração de genisteína é de 338 nm (**B**).

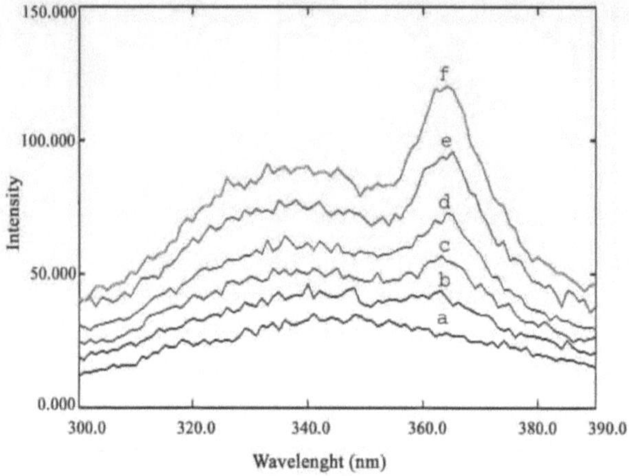

(A)

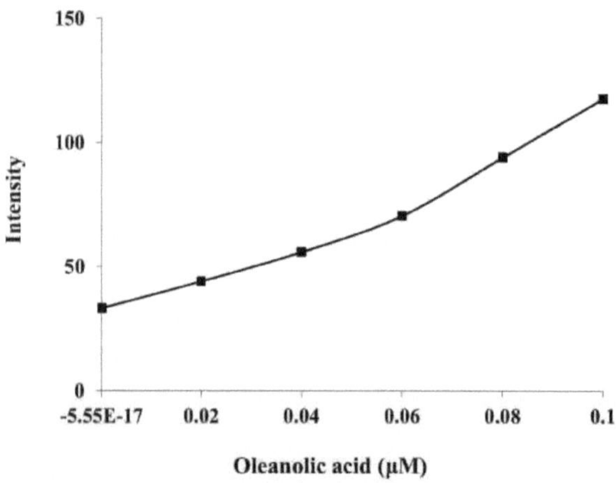

(B)

Figura 4.10 Interação espetral de fluorescência intrínseca da enzima NN-I-PLA2 com o ácido oleanólico. A mistura de reação continha 20 µg de enzima VRV-V-PLA2 em tampão Tris-HCl 100 mM pH 7,4, CaCl2 5 mM com uma concentração crescente de ácido oleanólico. Os espectros de fluorescência foram registados após excitação a 280 nm e a intensidade de emissão foi registada entre 300 e 390 nm. Enzima isolada (a), enzima com 0,02, 0,04, 0,06, 0,08, 0,1 µM de ácido oleanólico (b), (c), (d), (e), (f), respetivamente (**A**). A intensidade máxima da emissão de fluorescência da NN-I-PLA2 antes e depois da adição de cada concentração de ácido oleanólico em 360 nm (**B**).

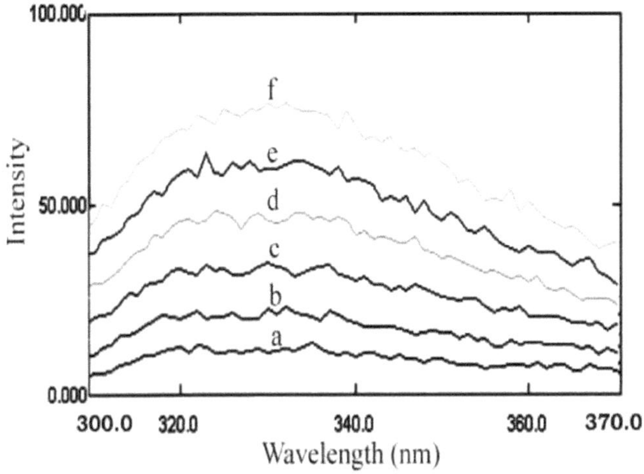

(**A**)

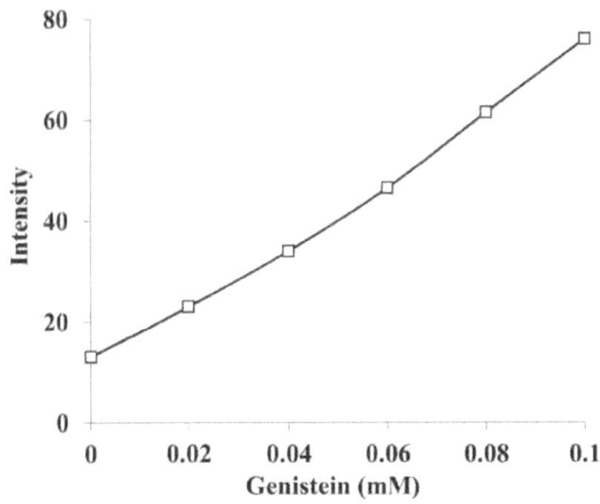

B)

Figura 4.11 Interação de fluorescência intrínseca da enzima NN-I-PLA2 com a genisteína: A mistura de reação continha 20µg de enzima NN-I-PLA2 em tampão Tris-HCl 100 mM pH 7,4, CaCl2 5 mM com concentração crescente de genisteína. Os espectros de fluorescência foram registados após excitação a 280 nm. A intensidade foi registada de 300 a 370 nm. Enzima isolada (a), enzima com 0,02, 0,04, 0,06, 0,08, 0,1 μM de genisteína (b), (c), (d), (e), (f), respetivamente (**A**). A intensidade máxima de fluorescência da NN-I-PLA2 antes e depois da adição de cada concentração de genisteína é de 330 nm (**B**).

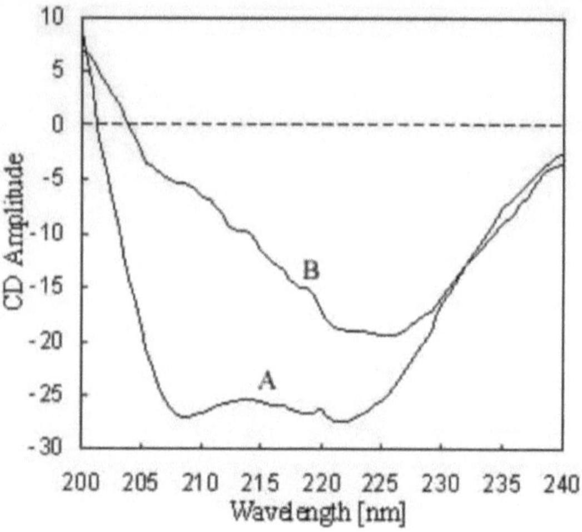

(I)

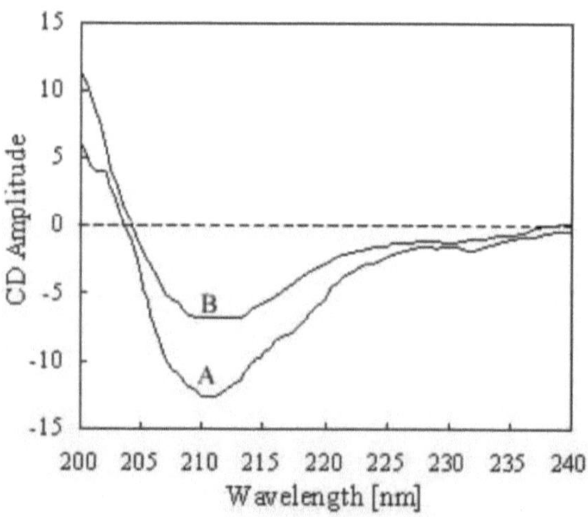

(II)

Figura 4.12 Espectros de dicroísmo circular de UV distante das enzimas VRV-V-PLA2 e NN-I-PLA2 com ácido oleanólico: Os espectros de dicroísmo circular foram registados para VRV-V-PLA2 (**I**) e NN-I-PLA2 (**II**) na ausência (**A**) e presença (**B**) de concentração IC_{50} de ácido oleanólico entre 200-240 nm no espectropolarímetro Jasco J715 . As amostras foram dissolvidas em tampão Tris-HCl 100 mM (pH 7,4) com 5 mM de cálcio. Utilizou-se uma cuvete de quartzo com um percurso de 0,2 cm. As medições foram efectuadas com um tempo de 2 s. O espetro UV-CD distante é cumulativo de dez varrimentos e o espetro CD é gerado a partir de uma combinação linear de espectros CD.

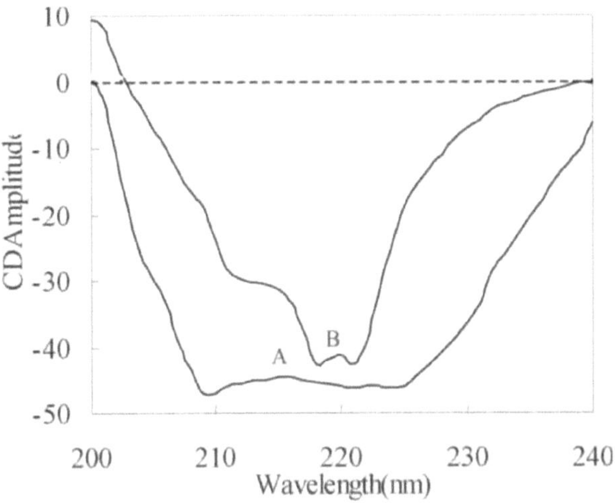

(**I**)

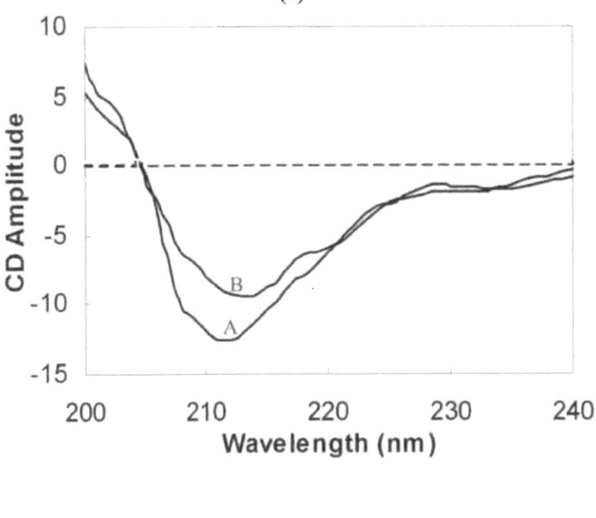

(II)

Figura 4.13 Espectros de UV distante CD de VRV-V-PLA2 e NN-I-PLA2 com genisteína. Os espectros CD foram registados para as enzimas VRV-V-PLA2 (**I**) e NN-I-PLA2 (**II**) na ausência (A) e na presença (B) da concentração IC50 de genisteína entre 200-240 nm no espectropolarímetro Jasco J715. As medições foram efectuadas com um tempo de 2 s. O espetro CD gerado a partir de uma combinação linear de espectros CD da estrutura secundária da proteína é calculado pelo software K2D2.

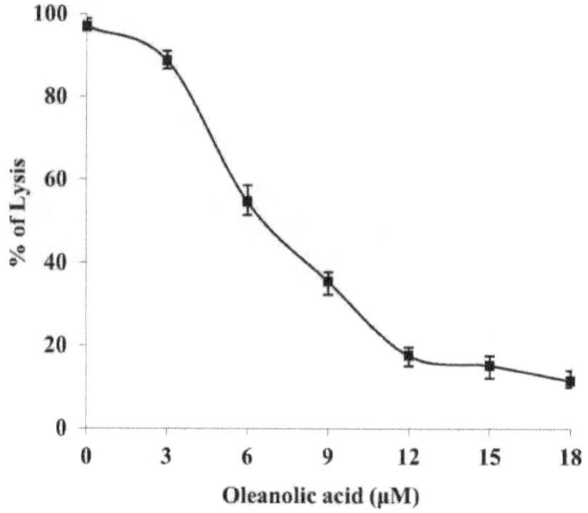

(A)

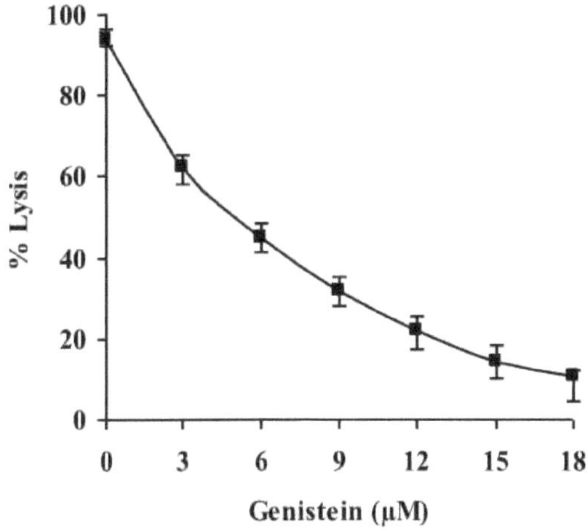

(B)

Figura 4.14 Neutralização da atividade hemolítica indireta do VRV-V-PLA2 pelo ácido oleanólico (A) e pela genisteína (B). O VRV-V-PLA2 foi pré-incubado com as concentrações indicadas de ácido oleanólico e genisteína durante 15 minutos. A reação foi iniciada pela adição de eritrócitos, gema de ovo e PBS (1: 1: 8 V/V) e incubada durante 30 minutos a 37 °C. A hemoglobina libertada devido à hemólise foi medida através da absorvância a 540 nm. A mistura de reação acima referida sem enzimas serviu de controlo. Os dados representam a média± SD (n=3).

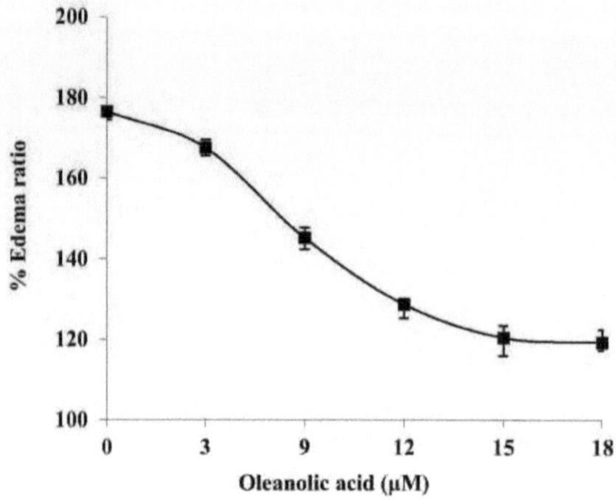

(A)

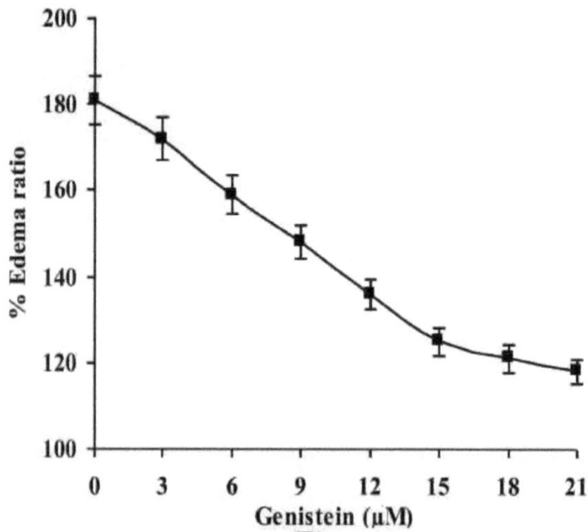

(B)

Figura 4.15 Neutralização da atividade indutora de edema da enzima VRV-V-PLA2 pelo ácido oleanólico (A) e pela genisteína (B). A VRV-V-PLA2 foi pré-incubada durante 30 minutos com as concentrações indicadas de ácido oleanólico e genisteína. As misturas de reação incubadas foram depois injectadas na pata direita do membro posterior dos ratos e 20 μl de solução salina foram injectados na pata esquerda do membro posterior. Após 45 minutos, os ratinhos foram sacrificados e as patas foram removidas nas articulações do tornozelo e o rácio de edema foi calculado. Os dados representam a média± SD (n=3).

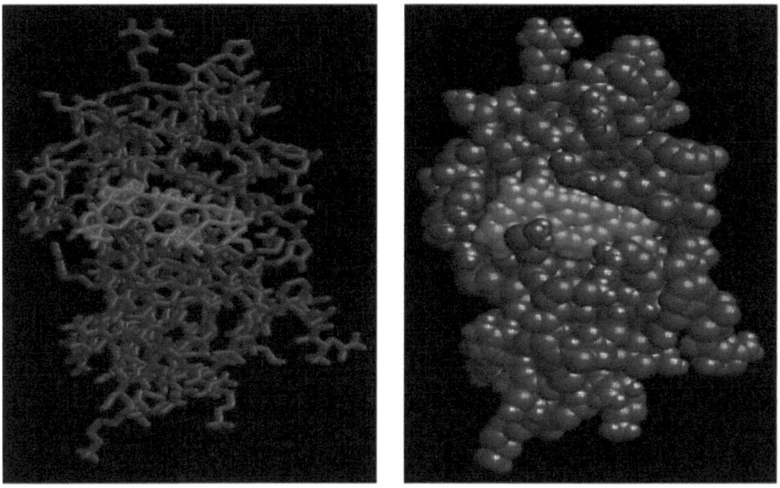

(A) (B)

Figure 4.16 Imagens do complexo HSF-PLA2 com ácido oleanólico: Vista estereoscópica do ácido oleanólico (vermelho) encaixado no sítio ativo da HSF-PLA2 (azul). Modo de visualização de bastões (**A**) e modo de visualização de preenchimento de espaço (B) da vista Rasmol.

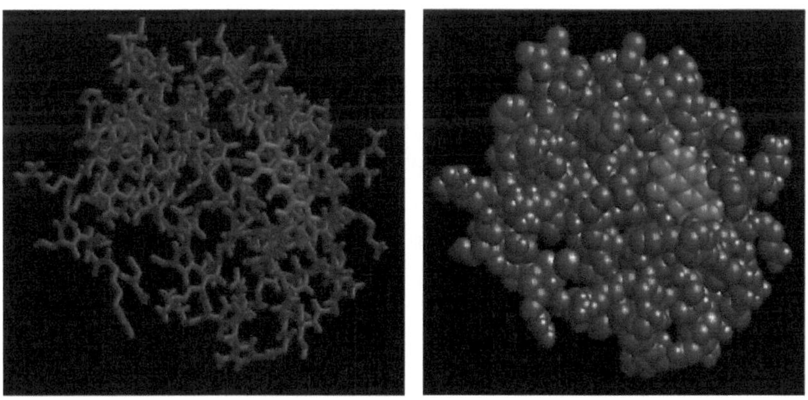

(A) (B)

Figure 4.17 Imagens de ancoragem do complexo HSF-PLA2 com genisteína: Vista estereoscópica da genisteína (vermelho) ancorada no sítio ativo da HSF-PLA2 (azul). Modo de visualização de palitos (**A**) e modo de visualização de preenchimento de espaço (B) da vista Rasmol.

QUADRO

Tabela 4.01. A inibição da atividade de sPLA2 pelo ácido oleanólico e pela genisteína.

Fonte de sPLA2	Atividade específica* (nmol/mg/min a 37° (C)	IC50 (µM)# (ácido oleanólico)	IC50 (µM)# (genisteína)
VRV-V-PLA2	148.0	3.08 ± 1.54	11.12 ± 1.81
NN-I-PLA2	132.0	7.78 ± 1.34	11.75 ± 1.14
HPF-PLA2	82.5	6.74 ± 1.65	9.03 ± 1.75
HSF-PLA2	95.64	3.49 ± 1.05	5.75 ± 1.16

*Nmoles de ácido gordo libertados / mg de proteína / min a 37 °C.

#O valor IC50 é definido como a quantidade de inibidores (µM) necessária para inibir 50 % da atividade enzimática na mistura de reação dada. A análise de regressão linear da porção linear da curva de inibição dependente da dose de cada atividade foi utilizada para o cálculo do IC50.

Tabela-4.02: Inibição da sPLA2 pelo ácido oleanólico antes e depois da diálise

Mistura de reação	% de inibição (antes da diálise)	% de inibição (após diálise)
VRV-V-PLA2+3.O8µM ácido oleanólico	50.5 ± 1.9	49.6 ± 3.3
NN-I-PLA2+7,78 µM de ácido oleanólico	49.5 ± 2.1	48.1 ± 2.9
HSF-PLA2 + 3,49 µM de ácido oleanólico	51.4 ± 2.3	50.4 ± 2.6
HPF-PLA_2 + 6,74 µM de ácido oleanólico	52.4 ± 3.0	47.6 ± 2.6

Os dados representam a média ± DP (n=3)

Tabela -4.03: Inibição da sPLA2 pela genisteína antes e depois da diálise

Mistura de reação	% de inibição (antes da diálise)	% de inibição (após diálise)
VRV-V-PLA2+Il.i2µM genisteína	50.6 ± 1.9	50.5 ± 2.4

NN-I-PLA_2 + 11,75 μM de genisteína	48.5 ± 2.1	47.0 ± 2.9
HPF-PLA_2 + 9,03 μM de genisteína	49.4 ± 3.0	48.6 ± 2.2
HSF-PLA2 + 5,75 μM de genisteína	51.6 ± 1.2	47.4 ± 2.4

Os dados representam a média ± DP (n=3).

Tabela 4.04: Efeito do ácido oleanólico na estrutura secundária das enzimas VRV-V- PLA2 e NN-I-PLA2 purificadas

Fonte de PLA2	sPLA2	**sPLA2+Ácido oleanólico (IC50)**
VRV-V-PLA2		
α-hélice	68%	46%
β-hélice	15%	23%
Bobina aleatória	17%	31%
NN-I-PLA2		
α-hélice	35%	22%
β-hélice	20%	30%
Bobina aleatória	45%	48%

O conteúdo da estrutura secundária foi calculado com o software K2D2.

Tabela -4.05: Efeito da genisteína nas estruturas secundárias de VRV-V-PLA2 e NN-I-PLA2

Fonte de PLA2	PLA2	**sPLA2 + Genisteína (IC50)**
VRV-V-PLA2		
α-hélice	64%	84.27%
β-hélice	20.6%	1.24%
Bobina aleatória	15.1%	13.49%
NN-I-PLA2		
α-hélice	37.32 %	27.5 %
β-hélice	22 %	25.22 %
Bobina de Randam	40.4 %	46.9 %

*O conteúdo da estrutura secundária foi calculado com o software K2D2.

CAPÍTULO - V

RESUMO E CONCLUSÃO

A fosfolipase A2 secretora é uma enzima reguladora crucial no início de qualquer reação inflamatória, produzindo vários mediadores lipídicos pró-inflamatórios e espécies reactivas de oxigénio. O nível elevado de sPLA2 é registado em todas as condições fisiopatológicas. Durante o processo de cicatrização, esta enzima deve ser desregulada, caso contrário, as reacções inflamatórias defensivas tornam-se potencialmente nocivas e acabam em várias doenças inflamatórias crónicas que põem a vida em risco. As espécies reactivas de oxigénio produzidas durante as lesões e infecções activam a enzima PLA2, agravando assim a situação. Os fortes estímulos descontrolados das reacções inflamatórias em curso são controlados por medicamentos anti-inflamatórios. Existem muitas formas de reduzir a inflamação e os seus danos no sistema humano. Os glucocorticosteróides e os agentes anti-inflamatórios não esteróides têm sido utilizados durante décadas como medicamentos anti-inflamatórios, apesar de terem efeitos secundários consideráveis no corpo humano. Os estudos clínicos sugerem que os inibidores das enzimas inflamatórias PLA2 são terapeuticamente poderosos como medicamentos anti-inflamatórios.

A pesquisa bibliográfica revelou que a PLA2 é uma família em crescimento de enzimas hidrolisadoras de fosfolípidos que existem em diferentes isoformas. Com base nos seus aspectos estruturais e no seu mecanismo catalítico, estas enzimas são classificadas de forma diferente por diversos autores e são abordadas de forma exaustiva na introdução geral. Entre estes grupos, a sPLA2 IIA é a principal responsável pela síntese de vários mediadores inflamatórios e foi escolhida para os nossos estudos. Outras sPLA2s que exibem uma homologia estrutural próxima são os grupos IA, IB e IIB. Foram realizados muitos estudos de interação com estas enzimas, uma vez que o seu sítio catalítico é altamente conservado. Os inibidores isolados de diferentes fontes naturais, como esponjas marinhas e plantas, são discutidos em pormenor. Além disso, são também abordados produtos sintéticos e naturais que se encontram em diferentes fases de ensaio clínico.

A maior parte dos extractos/inibidores de plantas são antioxidantes que neutralizam as espécies reactivas de oxigénio (ROS). Os inibidores da PLA2 com atividade anti-oxidante têm um papel duplo, uma vez que podem neutralizar os radicais livres gerados durante uma lesão metabólica ou qualquer doença inflamatória. Por conseguinte, uma única molécula com atividade antioxidante e anti-inflamatória é procurada nas fontes vegetais. Para combater a inflamação, é necessário compreender o mecanismo molecular que estas plantas utilizam para controlar a inflamação e isolar os princípios activos.

Algumas das plantas medicinais e leguminosas medicinais importantes foram selecionadas no nosso estudo para analisar os inibidores da PLA2. As leguminosas, em particular, desempenham um papel importante na nutrição e na medicina humanas. Vários relatórios mostraram que as leguminosas eram utilizadas para muitas doenças desde a antiguidade e que muitos dos seus efeitos biológicos protectores derivam dos antioxidantes. É importante estabelecer as bases científicas para a utilização dos alimentos vegetais como medicamentos.

Entre as plantas medicinais e as leguminosas analisadas quanto à inibição da sPLA2, os extractos etanólicos de *B. diffusa*, *C. indicum e* os extractos aquosos de *G. max* e *M. uniflorum* revelaram a maior inibição da atividade da sPLA2 (VRV-V-PLA2) a uma concentração de 50 µg. Apresentaram uma inibição superior a 90% da atividade da enzima PLA2. Os extractos são ainda verificados quanto à inibição de outras enzimas sPLA2 como a NN-I-PLA2 e as enzimas sPLA2 inflamatórias humanas e a sua atividade antioxidante. Tanto os extractos de plantas como os de leguminosas inibiram a NN-I-PLA2, a HSF-PLA2 e a HPF-PLA2 de forma dependente da dose. Também demonstraram uma maior atividade anti-oxidante. A inibição *in vitro* dependente da concentração destes extractos foi apoiada pela atividade hemolítica indireta induzida *in situ* por sPLA2. A inibição da atividade indutora de edema *in vivo* da sPLA2 por estes extractos de plantas apoiou fortemente a inibição *in vitro*.

Os compostos activos e principais presentes nas plantas acima referidas foram obtidos junto das empresas e foram verificados quanto à inibição das mesmas enzimas. Os compostos como o ácido oleanólico e a genisteína são ricos em plantas medicinais e leguminosas, respetivamente. Apresentaram uma inibição de >90 % da VRV-V-PLA2. Este resultado está correlacionado com a inibição pelos extractos brutos. Os outros metabolitos destas fontes vegetais, como o ácido clorogénico, o ácido gálico, o ácido cafeico, a silimarina e o ácido ferúlico, apresentaram uma inibição menor.

Além disso, o ácido oleanólico inibe a enzima sPLA2 purificada do veneno *de V. russellii* e *N. naja* e as enzimas sPLA2 purificadas de HSF e HPF de uma forma dependente da dose. Os valores de IC_{50} calculados para essas enzimas variam de 3,08 a 7,78 µM. As enzimas sPLA2 do grupo II são mais sensíveis à inibição pelo ácido oleanólico do que as sPLA2 do grupo I. O ácido oleanólico também verificou a atividade antioxidante, tendo demonstrado uma atividade antioxidante em boa medida. A inibição da atividade da sPLA2 pelo ácido oleanólico é independente da concentração de cálcio e da concentração de substrato (até 120 nmol).

Os estudos biofísicos mostraram a interação direta do ácido oleanólico com a enzima PLA2. O ácido oleanólico atenuou a intensidade de fluorescência relativa da sPLA2 de uma forma dependente da dose. Na presença de ácido oleanólico, observou-se uma mudança aparente no espetro distante de UV-CD da sPLA2. A inibição do edema da pata do rato induzido pela sPLA2 e da atividade hemolítica indireta pelo ácido oleanólico confirma a sua atividade inibidora da sPLA2 *in vivo* e também *in situ*. Estes resultados indicam que a inibição da sPLA2 pelo ácido oleanólico é mediada pela interação direta com a enzima. Por conseguinte, o ácido oleanólico é um dos compostos activos presentes em *C. serratum* e *B. diffusa* responsável pela atividade anti-inflamatória relatada na literatura e no Capítulo III.

A genisteína é uma isoflavona presente em abundância nas leguminosas e conhecida pela sua atividade anti-inflamatória. Foi estudada a inibição de sPLA2 de *V. russellii, N. naja* e fluidos inflamatórios como HSF e HPF; a genisteína inibiu todas as enzimas sPLA2 de forma dependente da dose. A inibição é independente da concentração de cálcio e de substrato. As enzimas sPLA2 do grupo IIA são mais sensíveis à inibição pela genisteína do que as enzimas sPLA2 do grupo I. O valor IC_{50} foi calculado para estas enzimas para o grupo IIA, o valor estava no intervalo de 5,75 - 11,12 μM. A atividade antioxidante da genisteína foi maior entre os compostos utilizados no estudo. A atividade anti-inflamatória *in vivo* foi verificada com sPLA2 induzindo o modelo de edema da pata do rato. A atividade hemolítica *in situ* foi verificada utilizando gema de ovo e mistura de eritrócitos como substrato. A genisteína reduz a atividade indutora de edema e a atividade hemolítica da PLA2.

A genisteína aumentou a intensidade de fluorescência da enzima sPLA2 de uma forma dependente da dose. A mudança aparente nos espectros longínquos de UV-CD da sPLA2 com a genisteína indicou uma alteração na sua confirmação α-helicoidal e na sua estrutura globular global. Os estudos biofísicos sugerem a interação direta da genisteína com a enzima. Os dados acima referidos confirmam que a atividade anti-inflamatória de *G. max* e *M. uniflorum* se deve em parte à presença de genisteína. A atividade anti-inflamatória relatada para este composto quando utilizado na forma pura é devida à inibição da PLA2.

Principais resultados da tese

- Os extractos etanólicos de *B. diffusa* e *C. serratum* de plantas medicinais e os extractos aquosos de G. *max* e *M. uniflorum* apresentaram uma maior inibição da atividade de sPLA2.
- Estes extractos de plantas também neutralizaram o edema da pata do rato induzido por $sPLA_2$.
- Entre os compostos de plantas medicinais e leguminosas, apenas a genisteína e o ácido oleanólico são inibidores potentes da sPLA2.

- O ácido oleanólico e a genisteína inibiram a $sPLA_2$ do grupo II de forma mais potente do que a enzima do grupo I.

- A inibição por estes inibidores é independente do substrato e da concentração de cálcio

- Os estudos de interação fluorescente e a análise espetral de CD indicaram que tanto a genisteína como o ácido oleanólico interagem diretamente com as enzimas sPLA2.

- A experiência de diálise do complexo enzima-inibidor revelou que a inibição do é irreversível.

- A inibição *in vitro* da $sPLA_2$ é bem suportada pela inibição *in vivo* e *in situ* do edema e da atividade hemolítica tanto pela genisteína como pelo ácido oleanólico.

- A inibição *in vitro* e *in vivo* da $sPLA_2$ indicou que estas moléculas poderiam ser desenvolvidas como potenciais moléculas anti-inflamatórias.

REFERÊNCIA

Abbas AK, e Lichtman AH.**2003**. Cellular and Molecular Immunology (5th Ed.), Saunders, Philadelphia, USA.

AbbottNJ.**2000**.Inflammatory mediators and modulation of blood-brain barrier permeability. *Cell Mol Neurobiol*. 20:131-47.

Abdelwahed A, Bouhlel I, Skandrani I, Valenti K, Kadri M, Guiraud P, Steiman R, Mariotte AM, Ghedira K, Laporte F, Dijoux-Franca MG, Chekir-Ghedira L. **2007.** Estudo das actividades antimutagénicas e antioxidantes do ácido gálico e da 1,2,3,4,6- pentagaloilglucose de Pistacia lentiscus. Confirmação por perfil de expressão de microarray. 165:1-13.

Abe K, Yuki S, Kogure K.**1988.**Forte atenuação do edema cerebral isquémico e pós-isquémico em ratos por um novo eliminador de radicais livres. *Stroke*.19: 480.

Abe A, Shayman JA. **1998**. Purificação e caraterização de 1-Oacylceramide synthase, uma nova fosfolipase A2 com atividade de transacilase. *J Biol Chem*. 273: 8467-74.

Adibhatla RM, Hatcher JF, Dempsey RJ.**2003**. Fosfolipase A2, radicais hidroxila e peroxidação lipídica na isquemia cerebral transitória.*Antioxid Redox Signal*. 5:647-54.

Akah PA, Nwambie AI.**1994**. Avaliação dos medicamentos tradicionais nigerianos: 1. Plantas utilizadas para doenças reumáticas (inflamatórias). *J Ethnopharmacol*. 42:179-82.

Altinier G, Sosa S, Aquino RP, Mencherini T, Della Loggia R, Tubaro A. **2007**. Caracterização de compostos anti-inflamatórios tópicos em *Rosmarinus officinalis*(L).*J Agric Food Chem*. 55:1718-23.

Amaral S, Mira L, Nogueira JM, da Silva AP, Helena Florencio M. **2009.** Extractos de plantas com propriedades anti-inflamatórias - uma nova abordagem para a caraterização dos seus compostos bioactivos e estabelecimento de relações estrutura-atividade antioxidante. *Bioorg Med Chem*. 17:1876-83.

Anderson JM.**1988**. Resposta inflamatória a implantes. *ASAIO Trans*. 34:101-07.

Anselmi A, Abbate A, Girola F, Nasso G, Biondi-Zoccai GG. **2004**. Myocardial ischemia, stunning, inflammation, and apoptosis during cardiac surgery: a review of evidence. *Eur. J. Cardiothorac. Surg*. 25:304-11.

Aoki J, Nagai Y, Hosono H, Inoue K, Arai H. **2002**. Estrutura e função da fosfolipase A1 específica da fosfatidilserina.*Biochim Biophys Ata*. 1582:26-32.

Arend WP. **1993**. Antagonista do recetor de interleucina-1. *Adv. Immunol.* 54: 167-227.

Arul V, Miyazaki S.**2005**.Dhananjayan R Estudos sobre as propriedades anti-inflamatórias, antipiréticas e analgésicas das folhas de Aegle marmelos. *Corr.J Ethnopharmacol*. 96:159-63.

Ashok DB, Vaidya, Thomas PA, Asir Devasagayam TP.**2007.** Situação atual dos medicamentos à base de plantas na Índia: Uma visão geral.*J. Clin. BiochemNutr*. 41: 1-11.

Awasthi LP, Menzel G.**1986**.Effect of root extract from Boerhaavia diffusa L., containing an antiviral principle upon plaque formation of RNA bacteriophages Zentralbl.*Mikrobiol*. 141:415-19.

Baek SH, Yun SS, Kwon TK, Kim JR, Chang HW, Kwak JY.**1999**. Os efeitos de dois novos antagonistas da PLA2 secretora sobre a expressão de TNF-α, iNOS e COX-2 em macrófagos activados. *Shock*. 12: 473-78.

Bradbury RB, & White DE. **1951**. The chemistry of subterranean clover. Parte 1: Isolamento de formononetina e genisteína.*J. Chem. Soc*. 3447-49.

Bartik K, Braekman JC, Daloze D, Stoller C, Huysecom J, Vandevyer G, Ottinger R. **1987**. Topsentins, novos alcalóides bis-indole tóxicos da esponja marinha Topsentiagenitrix. *Can. J. Chem*. 65: 2118.

Basavarajappa BS, Gowda TV. **1992**. Caracterização comparativa de duas fosfolipases A2 tóxicas do veneno da cobra indiana (Naja naja naja). *Toxicon*.

30:1227- 38.

Bazan NG. **1970**. Effects of ischemia and electroconvulsive shock on free fatty acid pool in the brain. *Biochim Biophys Ata*. 218:1-10.

Bazan HE, Tao Y, Hurst JS.**1994**.Platelet-activating fator antagonists and ocular inflammation. *J Ocul Pharmacol*. 10:319-327.

Bazan NG.**2003**.Synaptic lipid signaling: significance of polyunsaturated fatty acids and platelet-activating fator. *J Lipid Res*. 44:2221-33.

Bazan NG, Zorumski CF, Clark GD.**1993**. A ativação da fosfolipase A2 e a libertação de ácido araquidónico e de outros mediadores lipídicos na sinapse: o papel do fator de ativação plaquetária. *J Lipid Med*. 6:421-427.

Benedek B, Kopp B.**2007**.Achillea millefolium L. s.l. revisitada: descobertas recentes confirmam o uso tradicional. *Wien Med Wochenschr*.157:312-14.

Benito MJ, Veale DJ, FitzGerald O, van den Berg WB, Bresnihan B. **2005**. Inflamação do tecido sinovial na osteoartrite precoce e tardia.*Ann. Rheum. Dis*. 64:1263-67.

Bernard P, Scior T, Didier B, Hibert M, Berthon JY.**2001**. Combinação de etnofarmacologia e bioinformática para a descoberta de pistas: aplicação a inibidores da fosfolipase A2. *Phytochemistry*. 58: 865-74.

Blios MS.**1958**. Determinação de antioxidantes através da utilização de um radical livre estável. *Nature* 181: 1199.

Boman HG, Kaletta U.**1957**.Cromatografia do veneno de cascavel; separação de três fosfodiesterases.*Biochim Biophys Ata*.24:619-631.

Borges MH, Alves DL, Raslan DS, Pio-veloso D, Rodrigues VM, Hornsi-brandeburgo MI, de Lima ME.**2005**. Propriedades neutralizantes do suco *de Musa paradisiaca* L. (Musaceae) sobre as atividades fosfolipase A2, miotóxica, hemorrágica e letal de venenos de crotalídeos. J *Ethnopharmacol*. 98:21-29.

Boyanovsky B, Webb N.**2009**. Biologia da fosfolipase A2 secretora.*Cardiovasc*

Drugs Ther. 23: 61-72.

Brown JP.**1980.** Uma revisão dos efeitos genéticos dos flavonóides, antoquinonas e compostos relacionados que ocorrem naturalmente. *Mutat. Res*. 75: 243.

Buckland AG, Heeley EL, WiltonDC. **2000a**. Bacterial cell membrane hydrolysis by secreted phospholipases A2: a major physiological role of human group IIa sPLA(2) involving both bacterial cell wall penetration and interfacial catalysis. *Biochim Biophys Ata*. 1484:195-206.

Buckland AG, Wilton DC.**2000b**. As propriedades antibacterianas das fosfolipases A(2) segregadas. *Biochim Biophys Ata*. 1488: 71-82.

Calixto JB, Campos MM, Otuki MF, Santos AR.**2004**. Compostos antiinflamatórios de origem vegetal. Parte II. modulação de citocinas pró-inflamatórias, quimiocinas e moléculas de adesão. *Planta Med*. 70:93-103.

Calixto JB, Otuki MF, Santos AR.**2003**. Compostos antiinflamatórios de origem vegetal. Parte I. Ação sobre a via do ácido araquidônico, óxido nítrico e fator nuclear κB (NF- κB).*Planta Med*. 69: 973-83.

Cao Y, Prescott SM.**2002**.Many actions of cyclooxygenase-2 in cellular dynamics and in cancer.*J Cell Physiol*. 190:279-286.

Chacko BK, Chandler RT, D'Alessandro TL, Mundhekar A, Khoo NK, Botting N, Barnes S, RP. **2007**. Anti-inflammatory effects of isoflavones are dependent on flow and human endothelial cell PPARgamma.*The Journal of nutrition*.137: 351-56.

Chan PH, Chen SF, Yu ACH. **1988**. Indução da formação de radicais superóxidos intracelulares pelo ácido araquidónico e por ácidos gordos polinsaturados em culturas astrocíticas primárias. *J. Neurochem*. 50:1185.

Chandra V, Jasti J, Kaur P, Srinivasan A, Betzel C, Singh TP.**2002.**Base estrutural da inibição da fosfolipase A2 para a síntese de prostaglandinas pelo alcaloide vegetal ácido aristolóquico a partir de uma estrutura cristalina de 1,7 A.*Biochemistry*.41:10914.

Chang HW, Baek SH, Chung KW, Son KH, Kim HP, Kang SS.**1994**.Inativação da fosfolipase A2 pelo biflavonóide natural, ochnaflavone.*Biochem Biophys Res Commun*. 205: 843-49.

Chiba H, Michibata H, Wakimoto K, Seishima M, Kawasaki S, Okubo K.**2004**. Clonagem de um gene para uma nova fosfolipase A2 citosólica específica do epitélio, cPLA2delta, induzida na pele psoriática.*J Biol Chem*. 279:12890-97.

Chien KR, Abrams J, Serroni A, Martin JT, Farber JL.**1978**. Degradação acelerada de fosfolípidos e disfunção membranar associada a lesão irreversível e isquémica de células hepáticas. *J Biol Chem*. 253:4809-17.

Chien KR, Han A, Sen A, Buja LM, Willerson JT. **1984.**Accumulation of unesterified arachidonic acid in ischemic canine myocardium.Relationship to a phosphatidylcholine deacylation-reacylation cycle and the depletion of membrane phospholipids.*Circ Res*. 54:313-22.

Chien KR, Willerson JT, Buja LM. **1985**. Phospholipid alterations and membrane injury during myocardial ischemia. *Adv Myocardiol*. 5:347-53.

Cho W.**2000**.Structure, function, and regulation of group V phospholipase A2.*Biochim Biophys Ata*. 1488:48-58.

Chopra, R.N., Ghosh, S., Dey, P., e Ghosh, B.N. **1923**.Pharmacology and therapeutics of *Boerhaavia diffusa (punarnava)*.*Indian Medical Gazette*.68: 203-08.

Cifone MG, Botti D, Festuccia C, Napolitano T, del Grosso E, Cavallo G, Chessa MA, Santoni A. **1993**.Involvement of phospholipase A_2 activation and arachidonic acid metabolism in the cytotoxic functions of rat NK cells. *Cell Immunol*. 148:247-58.

Clark JD, Lin LL, Kriz RW, Ramesha CS, Sultzman LA, Lin AY.**1991**. Uma nova PLA2 citosólica selectiva do ácido araquidónico contém um domínio de translocação dependente de Ca^{2+} com homologia a PKC e GAP. *Cell*. 65:1043-51.

Colbert LH, Visser M, Simonsick EM, Tracy RP, Newman AB. **2004**. Atividade física , exercício e marcadores inflamatórios em adultos mais velhos: resultados do estudo sobre saúde, envelhecimento e composição corporal. *J Am Geriatr Soc.* 52:1098-104.

Costa-Junior HM, Hamaty FC, da Silva Farias R, Einicker-Lamas M, da Silva MH, Persechini PM.**2006**.Fator indutor de apoptose de uma linhagem de células T citotóxicas: envolvimento de uma fosfolipase A2 secretora.*Cell Tissue Res.* 324:255-66.

Cuellar M.J, Giner RM, Recio MC, Just MJ, Manez S, Cerda M, Hostettmann K, Rios JL. **1997.** Zanhasaponinas A e B, saponinas antifosfolipase A2 de um extrato anti-inflamatório da casca da raiz de Zanha africana. *J Nat Prod.*60: 1158.

Cummings BS. **2007**. Fosfolipase A2 como alvo para fármacos anticancerígenos.*Biochem Pharmacol.* 1:949-59.

Dahanukar SA, Kulkarni RA, Rege NN. **2000**. Pharmacology of medicinal plants and natural products. *Revista indiana de farmacologia.*32: S81-S118.

Dallob A, Guindon Y, Goldenberg MM.**1987**.Pharmacological evidence for a role of lipoxygenase products in platelet-activating fator (PAF)-induced hyperalgesia.*Biochem Pharmacol.* 36: 3201-04.

Darshan S, Doreswamy R.**2004**. Desenvolvimento de medicamentos anti-inflamatórios patenteados a partir da medicina tradicional. *Phytother Res.* 18: 343-57.

Dasgupta A, Bernard DW.**2006**. Remédios à base de plantas: efeitos em testes laboratoriais clínicos. *Arch Pathol Lab Med.* 130: 521-28.

Davidson FF, Dennis EA, Powell M, Glenney JR.**1987**.Inibição da fosfolipase A2 por "lipocortinas" e calpactinas.Um efeito da ligação aos fosfolípidos do substrato.*J Biol Chem.* 262:1698-05.

Davie EW, Fujikawa K, e Kisiel W. **1991**. The coagulation cascade: initiation, maintenance, and regulation. *Biochemistry.* 30: 10363-70.

de Carvalho MS, Jacobs RS.**1991.** Inativação em duas fases da fosfolipase A2 do veneno de abelha por escalaradial. *Biochem Pharmacol*. 42:1621-26.

del Zoppo GJ. **1997.** Respostas microvasculares à isquemia/inflamação cerebral. *Ann. N.Y. Acad. Sci.* 823:132 - 47.

Del Zoppo GJ, Schmid-Schonbein GW, Mori E, Copeland BR, Chang CM. **1991.** Polymorphonuclear leukocytes oclude capillaries following middle cerebral artery oclusion and reperfusion. *Stroke* 22: 1276-83.

De Marino S, Iorizzi M, Zollo F, Debitus C, Menou JL, Ospina LF, Alcaraz MJ, Paya M.**2000**. Novos alcalóides de piridínio de uma esponja marinha do género Spongia com um perfil inibidor da fosfolipase A(2) humana. *J Nat Prod*.63: 322-26.

de Rosa S, Crispino A, De Giulio A, Iodice C, Benrezzouk R, Terencio MC, Ferrandiz ML, Alcaraz MJ, Paya M.**1998**. Um novo inibidor cacospongionolídeo da fosfolipase A2 secretora humana da esponja do Tirreno *Fasciospongia cavernosa* e configuração absoluta dos cacospongionolídeos. *J Nat Prod*. 61: 931-35.

de Rosa S, Crispino A, De Giulio A, Iodice C, Pronzato R, Zavodnik N.**1995**. Cacospongionolide B, um novo sesterterpeno da esponja Fasciospongia cavernosa. *J Nat Prod*. 58:1776-80.

Dennis EA.**1994**.Diversidade de tipos de grupos, regulação e função da fosfolipase A2.*J Biol Chem*. 6:13057-60.

Dennis EA.**1997**. A crescente superfamília de fosfolipases A2 de enzimas de transdução de sinal.*Trends Biochem Sci*.22:1-2.

Dhar ML, Dhar MM, Dhawan BN, Mehrotra BN, Ray C.**1968**. Triagem de plantas indianas para atividade biológica.*Indian J Exp Biol*. 6:232-47.

Dharmappa KK, Kumar RV, Nataraju A, Mohamed R, Shivaprasad HV, Vishwanath BS. **2009a**. Atividade anti-inflamatória do ácido oleanólico por inibição da fosfolipase A2 secretora.*Planta Med*. 75:211-15.

Dharmappa KK, Mohamed R, Shivaprasad HV, Vishwanath BS. **2009b.** Genisteína, um potente inibidor da fosfolipase A2 secretora: uma nova visão na regulação negativa da inflamação. *Inflammopharmacology*. [Epub ahead of print]

Di Napoli M, Papa F.**2003**.The proteasome system and proteasome inhibitors in stroke: controlling the inflammatory response. *Curr Opin Investig Drugs*. 4:1333-42.

Dinkova-Kostova AT, Liby KT, Stephenson KK, Holtzclaw WD, Gao X, Suh N, Williams C, Risingsong R, Honda T, Gribble GW, Sporn MB, Talalay P. **2005.** Indutores triterpenóides extremamente potentes da resposta de fase 2: correlações de proteção contra o stress oxidante e inflamatório. *Proc Natl Acad Sci*, U S A. 102:4584-89.

Diegelmann RF, Evans MC.**2004**.Wound healing: an overview of acute, fibrotic and delayed healing. *Front Biosci*. 9: 283-89.

Dinarello CA. **1992**. Role of interleukins-1 and tumor necrosis fator in systemic responses to infection and inflammation.*Inflammation*: *Basic Principles and Clinical Correlates*, 2nd ed. (Gallin, J.I., Goldstein, I.M., and Snyderman, R., eds.) Raven Press, New York, pp. 211-32.

Dray A, Perkins M.**1993**. Bradicinina e dor inflamatória.*Trends Neurosci.* 16: 99104.

Dumitrescu M, Poliopol MM, Hristescu S, Olinescu A.**1986**.Algumas propriedades biológicas de uma glicoproteína isolada das válvulas das vagens de ervilha (Pisum sativum). *Arch Roum Pathol Exp Microbiol*. 45:311-17.

Eerola LI, Surrel F, Nevalainen TJ, Gelb MH, Lambeau G, Laine VJ.**2006**. Análise da expressão de fosfolipases A2 segregadas em tecidos de ratinho ao nível das proteínas e do ARNm. *Biochim Biophys Ata*. 1761:745-56.

Engler RL, Schmid-Schonbein GW, Pavelec RS. **1983.** Leukocyte capillary plugging in myocardial ischemia and reperfusion in the dog. *Am J Pathol*. 111:98-111.

Entman ML, Michael L, Rossen RD, Dreyer WJ, AndersonDC. **1991**. Inflammation in the course of early myocardial ischemia. *FASEB J.* 5:2529-37.

Esmon CT. **1993**. Eventos mediados por células que controlam a coagulação sanguínea e lesão vascular. *Annu. Rev. Cell Biol.* 9:1-26.

Fairbairn D. **1945**: A fosfolipase do veneno do mocassim da boca-de-algodão (Agkistrodon piscivorus L).*J Biol Chem.* 157: 633-44.

Farmakalidis E, Murphy PA.**1984a**. Resposta estrogénica do ratinho CD-1 às isoflavonas de soja genisteína, genistina e daidzina.*Food Chem Toxicol.* 22:237-39.

Farmakalidis E, Murphy PA.**1984b**.Different oestrogenic responses of ICR, B6D2F1 and B6C3F1 mice given diethylstilboestrol orally.*Food Chem Toxicol.* 22:681-82.

Fawzy AA, Vishwanath BS, Franson RC. **1988**. Inibição de fosfolipases A2 não pancreáticas humanas por retinóides e flavonóides. Mecanismo de ação. *Acções de agentes.* 25:394-400.

Ferrandiz ML, Sanz MJ, Bustos G, Paya M, Alcaraz MJ, De Rosa S.**1994**. Avarol e avarone, dois novos agentes anti-inflamatórios de origem marinha. *Eur J Pharmacol.* 253:75-82.

Foti P, Erba D, Riso P, Spadafranca A, Criscuoli F, Testolin G. **2005.** Comparação entre a atividade antioxidante da daidzeína e da genisteína em linfócitos primários e cancerosos.*Arch Biochem Biophys.* 433:421-27.

Fu Y, Zu Y, Liu W, Zhang L, Tong M, Efferth T, Kong Y, Hou C, Chen L.**2008.** Determinação de vitexina e isovitexina em feijão-de-pombo utilizando extração ultra-sónica seguida de LC-MS.*JSep Sci.* 31(2):268-75.

Funk CD.**2001**. Prostaglandins and leukotrienes: advances in eicosanoid biology. *Science.* 29:1871-75.

Gaboury JP, Johnston B, Niu XF, and Kubes P. **1995**.Mechanisms underlying acute mast cell-induced leukocyte rolling and adhesion *in vivo.JImmunol.* 154: 804-13.

Gambero A, Landucci EC, Toyama MH, Marangoni S, Giglio JR, Nader HB, Dietrich CP, De Nucci G, Antunes E. **2002**. Migração de neutrófilos humanos in vitro induzida por fosfolipases A2 secretoras: um papel para os glicosaminoglicanos da superfície celular. *Biochem Pharmacol.* 63:65-72.

Garg VP, Verma SC.**1967.** Exame químico de Clerodendron serratum. Isolamento e caraterização de D-manitol. J Pharm Sci. 56(5):639-40.

Gardner AA, Reichert EC, Topham MK, Stafforini DM. **2008.**Identification of a domain that mediates association of platelet activating fator acetylhydrolase with high density lipoprotein.*J Biol Chem.* 283:17099-106.

Gelb MH, Jain MK, Berg OG.**1994**. Inibição da fosfolipase A2. *FASEB J.* 8:91624.

Gelb MH, Jain MK, Hanel AM, Berg OG. **1995**. Enzimologia interfacial das hidrolases de glicerolípidos: lições das fosfolipases A2 segregadas. *Annu Rev Biochem.* 64:653-88.

Ghosh M, Tucker DE, Burchett SA, Leslie CC. **2006**. Propriedades da família da fosfolipase A2 do Grupo IV. *Prog Lipid Res.* 45:487-510.

Giannini C, Debitus I, Posadas M, Paya M, D'Auria MV.**2000**. *Tetrahedron Lett.* 41:3257.

Gil B, Sanz MJ, Terencio MC, Ferrandiz ML, Bustor G, Paya M, Gunasegaran R, Alcaraz MJ. **1994**.Effect of flavonoids on *Naja Naja* and human recombinant synovial phospholipase A2 and inflammation responses in mice. *Life sci.* 54:333-38.

Gil B, Sanz MJ, Terencio MC, Gunasegaran R, Paya M, Alcaraz MJ.**1997**. Morelloflavona, um novo inibidor biflavonóide da fosfolipase A2 secretora humana com atividade anti-inflamatória. *Biochem Pharmacol.* 53: 733-40.

Giri S, Khan M, Rattan R, Singh I, Singh AK.**2006**.Doença de Krabbe: ativação da fosfolipase A2 mediada pela sicosina na morte celular dos oligodendrócitos. *J Lipid Res*. 47:1478-92.

Glaser KB, de Carvalho MS, Jacobs RS, Kernan MR, Faulkner DJ.**1989**. Manoalide: estudos de estrutura-atividade e definição do farmacóforo para a inativação da fosfolipase A2. *Mol Pharmacol*.36:782-88.

Gorovetz M, Schwob O, Krimsky M, Yedgar S, Reich R.**2008**. A produção de MMP em células de fibrossarcoma humano e a sua capacidade de invasão são reguladas pela ativação da fosfolipase A2 citosólica mediada pelo recetor da fosfolipase A2 secretora do grupo IB. *FrontBiosci*. 13:1917-25.

Greaves MW, Camp RD. **1988**.Prostaglandins, leukotrienes, phospholipase, platelet activating fator, and cytokines: an integrated approach to inflammation of human skin. *Arch Dermatol Res*. 280 Suppl:S33-41.

Green JA, Smith GM, Buchta R, Lee R, Ho KY, Rajkovic IA, Scott KF.**1991**. A atividade da fosfolipase A2 circulante associada à sépsis e ao choque sético é indistinguível da associada à artrite reumatoide. *Inflammation15*:355- 67.

Gulcin I.**2006**.Atividade antioxidante do ácido cafeico (ácido 3, 4-dihidroxicinâmico).*Toxicology*. 217:213-20.

Guohua C, Emin S, Ronald L, Prior.**1997.** Comportamento antioxidante e pró-oxidante dos flavonóides: Relações estrutura-atividade. *Free Radical Biology and Medicine*.22: 749.

Haapamaki MM, Gronroos JM, Nurmi H, Irjala K, Alanen KA, Nevalainen TJ.**1999**.Phospholipase A_2 in serum and colonic mucosa in ulcerative colitis. *Scand J Clin Lab Invest*. 59: 279-87.

Half E, Tang XM, Gwyn K, Sahin A, Wathen K, Sinicrope FA.**2002**. Cyclooxygenase-2 expression in human breast cancers and adjacent ductal carcinoma in situ. *Cancer Res*.62:1676-81.

Hall ED, Braughler JM, Yonkers PA, Smith SL, Linseman KL, Means ED, Scherch HM, Von Voigtlander PF, Lahti RA, Jacobsen EJ. **1990**. U78517F: um potente inibidor da peroxidação lipídica com atividade na lesão cerebral experimental e isquemia. *J Pharmac Exp Ther*.258: 688.

Halliwell B, Gutteridge JMC. **1989.** Free radicals in Biology and Medicine, 2nd edn, Clarendon Press, Oxford.

Hara H, Kato H, Kogure K. **1990.**Protective effect of α-tocopherol on ischemic neuronal damage in the gerbil hippocampus.*Brain Res*. 510: 335.

Hara H, Kato H, Araki T, Onodera H, Kogure K.**1991.** Envolvimento da peroxidação lipídica e mecanismos inibitórios na lesão neuronal isquémica no hipocampo do gerbo: Quantitative autoradiographic studies on second messenger and neurotransmitter systems. *Neuroscience*.42:159.

Hardy M. **1989**. "A biologia da formação de cicatrizes. "*Fisioterapia*. 69:1014-24.

Hedbom E, Hauselmann HJ. **2002**. Aspectos moleculares da patogénese da osteoartrite: o papel da inflamação. *Cell Mol Life Sci*. 59:45-53.

Heifets L.**1982**.Centenário da descoberta de Metchnikoff.*J Reticuloendothel Soc*. 31:381-91.

Heinrikson RL, Krueger ET, Keim PS.**1977**. Sequência de aminoácidos da fosfolipase A2-alfa do veneno de Crotalus adamanteus. Uma nova classificação das fosfolipases A2 baseada em determinantes estruturais. *J Biol Chem*. 252: 4913-21.

Heras B, Hoult JRS.**1994.** Inibição não citotóxica da eiosíntese de eicosanóides em macrófagos e efeitos sobre as funções leucocitárias e espécies reactivas de oxigénio de dois novos diterpenóides anti-inflamatórios de plantas. *Planta Med*. 60: 501.

Higa S, Hirano T, Kotani M, Matsumoto M, Fujita A, Suemura M.**2003.** Fisetin, um flavonol, inibe a produção de citocinas do tipo TH2 por basófilos humanos activados. *J. Allergy Clin Immunol*. 111:1299.

Hiraoka M, Abe A, Shayman JA.**2002**. Clonagem e caraterização de uma fosfolipase A2 lisossómica, 1-O-acilceramida sintase. *JBiol Chem.* 277:10090-99.

Hiraoka M, Abe A, Shayman JA.**2005**. Estrutura e função da fosfolipase A2 lisossómica: identificação da tríade catalítica e o papel dos resíduos de cisteína. *J Lipid Res.* 46: 2441-47.

Hiruma-Lima CA, Gracioso JS, Bighetti EJ, Germonsén Robineou L, Souza Brito AR.**2000**.O sumo de folhas frescas de Boerhaavia diffusa L. (Nyctaginaceae) reduz acentuadamente a dor em ratos. *J Ethnopharmacol.* 71:267-74.

Hochgraf E, Mokady S, CoganU.**1997.** O ácido linoleico oxidado da dieta modifica a composição lipídica dos microssomas de fígado de rato e aumenta a sua fluidez. *J. Nutr.* 127: 681.

Hope WC, Patel BJ, Nagy FC, Wittreich BH. **1990**. Os retinóides inibem a fosfolipase A2 no líquido sinovial humano e a libertação de ácido araquidónico dos macrófagos peritoneais de rato. *Inflammation.* 14: 543-59.

Hosny M, Rosazza JP. **1999.** Nova isoflavona, ácido cinâmico e glicosídeos triterpenóides no melaço de soja. *J Nat Prod.* 62:853-58.

Hunt TK, Hopf H, Hussain Z.**2000**.Physiology of wound healing.*Adv Skin Wound Care.* 13(2 Suppl):6-11.

Iadecola C, Alexander M. **2001**. Isquemia cerebral e inflamação.*Curr Opin Neurol.* 14:89-94.

Ignarro LJ, Cirino G, Casini A, e Napoli C. **1999**. O óxido nítrico como molécula de sinalização no sistema vascular: uma visão geral. *J. Cardiovasc. Pharmacol.* 34: 879-86.

Ikeno Y, Konno N, Cheon SH, Bolchi A, Ottonello S, Kitamoto K, Arioka M.**2005**. As fosfolipases A2 secretoras induzem o crescimento de neurites nas células PC12 através da geração de lisofosfatidilcolina e da ativação do recetor G2A. *J Biol Chem.* 280:28044-52.

ILDIS.**1994.** As plantas e os seus constituintes. In: Bisby FA, Buckingham J, Harborne JB (eds) Phytochemical dictionary of the Leguminosae. Chapman and Hall, Nova Iorque, pp 1-748

Imai K, Aimoto T, Shima T, Nakashima T, Sato M, Kimura R. **2000.**Alterações na fluidez da membrana de microssomas de fígado de rato e de lipossomas por protoporfirina e o seu efeito anti-lipídico-peroxidativo.*Biol Pharm Bull.* 23: 415.

Intaglietta M. **1999**. Base microcirculatória para a conceção de sangue artificial. *Microcirculação*. 6:247-58.

Ishii S, Nagase T, Tashiro F, Ikuta K, Sato S, Waga I, Kume K, Miyazaki J, Shimizu T. **1997**. Hiperatividade brônquica, aumento da letalidade da endotoxina e tumorigénese melanocítica em ratinhos transgénicos que sobreexpressam o recetor do fator de ativação das plaquetas. *EMBO J.* 16: 131-42.

Ishizaki J, Suzuki N, Higashino K, Yokota Y, Ono T, Kawamoto K, Fujii N, Arita H, Hanasaki K.**1999**.Clonagem e caraterização de novas fosfolipases A(2)s secretoras de rato e humanas. *JBiol Chem*. 274: 24973-79.

Jain GK, Khanna N.M.**1989**. Punarnavoside: Um novo agente antifibrinolítico de *Boerhaavia diffusa* Linn. *Jornal Indiano de Química*. 28:163-66.

Jameel NM, Frey BM, Frey FJ, Gowda TV, Vishwanath BS.**2005**. Inibição da enzima fosfolipase A2 secretora pela bilirrubina: um novo papel como molécula anti-inflamatória endógena. *Mol Cell Biochem*. 276: 219-25.

Jameel NM, Shekar MA, Vishwanath BS. **2006.** Ácido alfa-lipóico: um inibidor da fosfolipase A2 secretora com atividade anti-inflamatória. *Ciências da Vida*.80:146.

Jancar S, Braquet P, Sirois P.**1987**. Interações dos metabólitos do ácido araquidônico e do fator ativador de plaquetas e mecanismo de ação nas reações de hipersensibilidade.*Braz J Med Biol Res*. 20: 487-94.

Jay SJ, Johanson WG Jr, Pierce AK.**1975**. A resolução radiográfica da pneumonia por Streptococcus pneumoniae.*N Engl J Med*. 293:798-801.

Jean WC, Spellman SR, Nussbaum ES, Low WC.**1998.** Lesão de reperfusão após isquemia cerebral focal: o papel da inflamação e o horizonte terapêutico. *Neurosurgery*. 43:1382-96.

JenkinsCM, Han X, Mancuso DJ, Gross RW. **2002**. Identificação da fosfolipase A2 dependente de cálcio (iPLA2) beta, e não da iPLA2gamma, como mediador da libertação de ácido araquidónico induzida pela arginina vasopressina nas células musculares lisas A-10. Discriminação enantioselectiva de iPLA2s de mamíferos com base no mecanismo.*J Biol Chem.* 277:32807-14.

Kanski J, Aksenova M, Stoyanova A, Butterfield DA. **2002.** Proteção antioxidante do ácido ferúlico contra a oxidação por radicais hidroxilo e peroxilo em sistemas de cultura de células sinaptossómicas e neuronais in vitro: estudos de estrutura-atividade. *J Nutr Biochem.* 13:273-81.

Karin M, Greten FR. **2005.** Nf-κβ: ligando a inflamação e a imunidade ao desenvolvimento e progressão do cancro. *Nat Rev Immunol.* 5: 749-59.

Kasturi S, Gowda TV.**1989**.Purificação e caraterização de uma fosfolipase A2 importante do veneno da víbora de Russell (*Vipera russelli*). *Toxicon.* 27:229-37.

Katsuki, H., Okuda, S.**1995.**Arachidonic acid as a neurotoxic and neurotrophic Substance.*Prog Neurobiol.* 46: 607.

Kawsar SMA, Huq E, Nahar N, OzekiY.**2008b**.Identificação e quantificação de ácidos fenólicos em *Macrotyloma uniflorum* por fase invertida-HPLC.American Journal of Plant Physiology.3: 165-72.

Kay AB. **1987**.Mediators and inflammatory cells in allergic disease.*Ann Allergy.* 59(6 Pt 2):35-42.

Keller JN, Mattson MP. **1998.** Roles of lipid peroxidation in modulation of cellular signaling pathways,cell dysfunction, and death in the nervous system. *Rev. Neurosci.* 9: 105.

Kernan MR, Faulkner DJ, Parkanyi L, Clardy J, de Carvalho MS, Jacobs RS.**1989**. Luffolide, um novo terpeno anti-inflamatório da esponja Luffariella sp.

Experientia. 45:388-90.

Kim DK, Fukuda T, Thompson BT, Cockrill B, Hales C, Bonventre JV.**1995**.Bronchoalveolar lavage fluid phospholipase A2 activities are increased in human adult respiratory distress syndrome. *Am J Physiol*. 269(1 Pt 1): L109-18.

Kim HP, Son KH, Chang HW, Kang SS.**2004**.Anti-inflammatory plant flavonoids and cellular action mechanism.*J Pharmacol Sci*. 96:229-45.

Kim JY, Shin JS, Ryu JH, Kim SY, Cho YW, Choi JH, Lee KT.**2009**. O efeito anti-inflamatório da anemarsaponina B isolada dos rizomas de Anemarrhena asphodeloides em macrófagos RAW 264.7 induzidos por LPS é mediado pela regulação negativa das vias do fator nuclear-kappaB e p38. *Food Chem Toxicol*. 47:1610-17.

Kini RM.**1997**. Enzimas de fosfolipase A2 de veneno: Structure, Function and Mechanism. J Wiley and sons Ltd (Ed), Inglaterra.

Kitagawa K, Matsumoto M, Oda T, Niinobe M, Hata R, Handa N, Fukunaga R, Isaka Y, Kimura K, Maeda H, Mikoshiba K, Kamada T.**1990**. A geração de radicais livres durante um breve período de isquemia cerebral pode desencadear uma morte neuronal retardada. *Neuroscience*.35:551.

Koksal E, Gulcin I, Beyza S, Sarikaya O, Bursal E. **2009.** Atividade antioxidante in vitro da silimarina.*J Enzyme Inhib Med Chem*. 24:395-405.

Kontos HA, Wei EP, Ellis EF, Jenkins LW, Povlishock JT, Rowe GT, HessML.**1985**.Aparecimento do radical anião superóxido no espaço extracelular cerebral durante o aumento da síntese de prostaglandinas em gatos.*Circ. Res*. 57:142.

Kontos CD, Wei EP, Williams JI, Kontos HA, Povlishock JT. **1992**.Cytochemical detection of superoxide in cerebral inflammation and ischemia in vivo.*Am J Physiol Heart Circ Physiol*.263: 234-42.

Kop WJ, Gottdiener JS, Tangen CM, Fried LP, McBurnie MA. **2002**. Inflammation and coagulation factors in persons >65 years of age with symptoms of depression but without evidence of myocardial ischemia. *Am J Cardiol.* 89:419-24.

Krensky AM, Weiss A, Crabtree G, Davis MM e Parham P. **1990**. Interações entre *o* antigénio e o linfócito T na rejeição de transplantes. 322: 510-17.

Kudo I, Murakami M. **2002.**Phospholipase A2 enzymes.*Prostaglandins Other Liid Mediat.*68: 3.

Kuhn H, Pliquett F, Wunderlich S, Schewe T, Krause W.**1983.** A lipoxigenase de reticulócitos altera as propriedades eléctricas passivas das partículas submitocondriais do coração bovino. *Biochem BiophysActa.*735: 283.

Kumar KCS, Müller K.**1999**.Plantas medicinais do Nepal; II.Avaliação como inibidores da peroxidação lipídica em membranas biológicas.*J Ethnopharmacol.* 64:135-39.

Kuo CF, Chyau CC, Wang TS, Li CR, Hu TJ.**2009**. Aumento das actividades antioxidantes e anti-inflamatórias dos produtos fermentados de Monascus pilosus através da adição de curcuma ao meio. *J Agric Food Chem.* 57:11397-405.

Laemmli VK.**1970**. Clivagem de proteínas estruturais durante a montagem da cabeça do bacteriófago T4. *Nature*. 227:680-85.

Lambeau G, Gelb MH. **2008**. Bioquímica e fisiologia das fosfolipases A(2) secretadas por mamíferos. *Annu Rev Biochem.* 77: 495-520.

Laupattarakasem P, Houghton PJ, Hoult JR, Itharat A. **2003**. Uma avaliação da atividade relacionada com a inflamação de quatro plantas utilizadas na Tailândia para tratar a artrite. *J Ethnopharmacol.* 85:207-15.

Lauritsen K, Laursen LS, Kjeldsen J, Bukhave K, Rask-Madsen J.**1994**.Inibição da síntese de eicosanóides e potenciais benefícios terapêuticos da "inibição da via dupla".*Pharmacol Toxicol.* 2:9-13.

Lawrence T, Willoughby DA, Gilroy DW.**2002**. Mediadores lipídicos anti-inflamatórios e perspectivas sobre a resolução da inflamação. *Nat Rev Immunol.*

2:787-95.

Laye JP, Gill JH.**2003**.Phospholipase A2 expression in tumours: a target for therapeutic intervention? *Drug Discov Today*. 8: 710-16.

Lee TP. Matteliano ML, Middletone E.**1982**. Effect of quercetin on human polymorphonuclear leukocyte lysosomal enzyme release and phospholipid metabolism.*Life Sci*. 31:2765-74.

Leslie CC. **2004**. Regulação da disponibilidade de ácido araquidónico para a produção de eicosanóides.*Biochem Cell Biol*. 82:1-17.

Li Q, Withoff S, Verma IM. **2005**. Cancro associado à inflamação: Nf-κβ is the lynchpin. *Trends Immunol*. 26:318-25.

Lin G, Noel J, Loffredo W, Stable HZ, Tsai MD. **1988**. Utilização de ciclopentano-fosfatidilcolinas de cadeia curta para sondar o modo de ativação da fosfolipase A2 do pâncreas bovino e do veneno de abelha. *J Biol Chem*. 263:13208-14.

Lin YH, Huang WN, Lee SC, Wu WG.**2000**. A heparina reduz o conteúdo alfa-helicoidal da fosfolipase A2 básica da cobra e promove a formação do seu complexo. *Int J Biol Macromol*. 27:171-76.

Lindahl M, Tagesson C. **1993**. *Inibição* selectiva da fosfolipase A2 do grupo II pela quercetina. 17:573-82.

Lindahl M, Tagesson C.**1997**. Os flavonóides como inibidores da fosfolipase A2: importância da sua estrutura para a inibição selectiva da fosfolipase A2 do grupo II. *Inflammation*. 21: 347-56.

Lipsky PE, Isakson PC.**1997**.Resultado da inibição específica da COX-2 na artrite reumatoide. *J Rheumatol Suppl*. 49:9-14.

Liu SQ, Moore MM, Glucksberg MR, Mockros LF, Grotberg JB, Mok AP. **1999**. Prevenção parcial da ativação de monócitos e granulócitos em enxertos venosos experimentais através da utilização de uma abordagem de engenharia biomecânica. *J. Biomech.* 32:1165-75.

Lowry OH, Rosebrough NJ, Farr AL, Randall RJ.**1951**.Medição de proteínas com o reagente de fenol Folin. *J Biol Chem.* 193: 265-75.

Ma J, Dey M, Yang H, Poulev A, Pouleva R, Dorn R, Lipsky PE, Kennelly EJ, Raskin I.**2007.** Compostos anti-inflamatórios e imunossupressores de Tripterygium wilfordii.*Phytochemistry.* 68:1172-78.

Medina C, Crespo-Rivas JC, Moreno J, Espuny MR, Cubo MT. **2009.**Mutação no gene cobO gera auxotrofia para cobalamina e metionina e prejudica as propriedades simbióticas de Sinorhizobium fredii HH103 com soja e outras leguminosas. *Arch Microbiol.* 191:11-21.

Malencic D, Maksimovic Z, Popovic M, Miladinovic J. **2008**. Conteúdo de polifenóis e atividade antioxidante de extractos de sementes de soja. *Bioresour Technol.* 99:6688-91.

Manu KA, Kuttan G.**2008**.*Boerhaavia diffusa* estimula a resposta imunitária mediada por células através da regulação positiva de IL-2 e da regulação negativa das citocinas pró-inflamatórias e GM-CSF em ratinhos portadores de melanoma metastático B16F-10. *J Exp Ther Oncol.* 7:17-29.

Manya H, Aoki J, Kato H, Ishii J, Hino S, Arai H. **1999**. Caracterização bioquímica de vários complexos catalíticos da acetil-hidrolase do fator de ativação de plaquetas do cérebro.*J Biol Chem.* 274:31827-32.

Marini H, Minutoli L, Polito F, Bitto A, Altavilla D, Atteritano M, Gaudio A, Mazzaferro S, Frisina A, Frisina N, Lubrano C, Bonaiuto M, D'Anna R, Cannata ML, Corrado F, Adamo EB, Wilson S, Squadrito F.**2007**. Efeitos do fitoestrogénio genisteína no metabolismo ósseo em mulheres pós-menopáusicas osteopénicas: um ensaio aleatório. *Ann Intern Med.* 146:839-47.

Marshall LA, Blazek E, Chang J. **1987**.Characterization of an *in-vivo* model for evaluation of phospholipase A_2 inhibitors.*Fed.Proc.* 46:854-62.

Matsushita H, Kobayashi M, Tsukiyama R, Yamamoto K. **2006.** *Actividades* imunomoduladoras in vitro e in vivo dos polissacáridos Shoyu do molho de soja. 17:905-09.

Mayer RJ, Marshall LA. **1993**.New insights on mammalian phospholipase A2(s); comparison of arachidonoyl-selective and -nonselective enzymes. *FASEB J*. 7:33948.

McCullough PA. **2009**. Darapladib e placa aterosclerótica: deverá a fosfolipase A2 associada às lipoproteínas ser um alvo terapêutico? *Curr Atheroscler Rep*. 11:33437.

Messina MJ.**1999**. Legumes e soja: visão geral dos seus perfis nutricionais e efeitos na saúde. *Am J Clin Nutr*. 70: 439S-50S.

Metlay JP, Atlas SJ, Borowsky LH, Singer DE.**1998**.Time course of symptom resolution in patients with community-acquired pneumonia. *Respir Med*. 92:1137-42.

Mexmain S, Gualde N, Aldigier JC, Motta C, Chable-Rabinovitch H, Rigaud M.**1984.** Ligação específica de HETE a linfócitos. Efeitos sobre a fluidez das membranas plasmáticas. 13: 93.

Middleton E, Kandaswamy C. **1992**.Effects of flavonoids on immune and inflammatory cell functions.*Biochem Pharmacol*. 43: 1167.

Min JH, Jain MK, Wilder C, Paul L, Apitz-Castro R, Aspleaf DC. **1999**. A acetil-hidrolase do fator de ativação plaquetária plasmática ligada à membrana actua sobre o substrato na fase aquosa. *Biochemistry*. 38:12935-42.

Minami T, Shinomura Y, Miyagawa J, Tojo H, Okamoto M, Matsuzawa Y. **1997**.Immunohistochemical localization of group II phospholipase A2 in colonic mucosa of patients with inflammatory bowel disease.*Am J Gastroenterol*. 92: 289-92.

Minami T, Tojo H, Shinomura Y, Matsuzawa Y, Okamoto M.**1994**.Aumento da fosfolipase A2 do grupo II na mucosa do cólon de doentes com doença de Crohn e colite ulcerosa.*Gut*. 35:1593-98.

MishraANe Tiwari HP. **1971**.Constituintes das raízes de *Boerhaavia diffusa.Phytochemistry*.10:3318.

Moncada S, Palmer RM, Higgs EA. **1991**. Nitric oxide: physiology, pathophysiology and pharmacology. *PharmacolRev*. 43: 109-42.

Monti MC, Casapullo A, Riccio R, Paloma LG. **2003**. Mais informações sobre os aspectos estruturais da inibição da PLA_2 por produtos naturais contendo hidroxibutenolídeos: um estudo comparativo dos petrosaspongiolídeos M-R. *Bioorganic & medicinal chemistry12*: 1467-74.

Monti MC, Casapullo A, Riccio R, Gomez-Paloma L. **2004**.PLA2-mediated catalytic activation of its inhibitor 25-acetyl-petrosaspongiolide M: serendipitous identification of a new PLA2 suicide inhibitor. *FEBS Lett*. 578:269-74.

Moolenaar WH, van Meeteren LA, Giepmans BN.**2004**. Os prós e contras da sinalização do ácido lisofosfatídico. *Bioessays*. 26:870-81.

Morris JB. **2008**. Macrotyloma axillare e M. uniflorum: análise de descritores, índices de antocianina e usos potenciais. *Genet Resour Crop Evol*.55: 5-8.

Mounier CM, Bon C, KiniRM.**2001**. Veneno anticoagulante e fosfolipases A2 secretadas por mamíferos: mecanismo de ação dependente de proteínas ou fosfolípidos *Haemostasis*. 31:279-87.

Mudgal V. **1975**.Estudos sobre as propriedades medicinais de Convolvulus pluricaulis e Boerhaavia diffusa.*Planta Med*. 28:62-68.

Munne-Bosch S, Alegre L.**2002.**The function of tocopherols and tocotrienols in plants.*Crit Rev Plant Sci*. 21: 31.

Munne-Bosch S, Alegre L. **2003.** Alterações induzidas pela seca no estado redox do a-tocoferol, do ascorbato e do diterpeno ácido carnósico em cloroplastos de espécies de Labiatae que diferem no teor de ácido carnósico. *Plant Physiol*. 131: 1816.

Murakami M, Kudo I.**2004**.Secretory phospholipase A2.*Biol Pharm Bull*. 27:1158-

64.

Murugesan T, Saravanan KS, Lakshmi S, Ramya G, Thenmozhi K. **2001**.Avaliação dos efeitos psicofarmacológicos do extrato de Clerodendrum phlomidis Linn.*Phytomedicine*. 8:472-76.

Mustard D, Ritchie DW.**2005**. Proteins. 60:269-74.

Nag Chaudhuri AK, Karmakar S, Roy D, Pal S, Pal M, Sen T. **2005**. Atividade anti-inflamatória do chá preto indiano (variedade Sikkim). *Pharmacol Res*. 51:169-75.

Naim M, Gestetner B, Bondi A, Birk Y.**1976**.Antioxidative and antihemolytic activities of soybean isoflavones. *J Agric Food Chem*. 24:1174-77.

Naldini A, Carney DH, Pucci A, Pasquali A Carraro F. **2000**. Thrombin regulates the expression of proangiogenic cytokines via proteolytic activation of protease-activated recetor-1. *Gen. Pharmacol*. 35: 255-59.

Nanda BL, Nataraju A, Rajesh R, RangappaKS, Shekar MA, Vishwanath BS.**2007**. Radicais livres de araquidonato mediados por PLA2: Inibição da PLA2 e neutralização dos radicais livres por anti-oxidantes - um novo papel como molécula anti-inflamatória. *Curr Top Med Chem*. 7:765-77.

Narayanan N, Thirugnanasambantham P, Viswanathan S, Vijayasekaran V, Sukumar E. **1999**. Efeitos antinociceptivos, anti-inflamatórios e antipiréticos do extrato de etanol das raízes de Clerodendron serratum em animais experimentais. *J. Ethnopharmacol*. 65:23741.

Nataraju A, Raghavendra Gowda CD, Rajesh R, Vishwanath BS. **2007**. Inibição da PLA2 secretora do grupo IIA pelo ácido ursólico: uma potente molécula anti-inflamatória. *Curr Top Med Chem*. 7:801-09.

Nathan C.**2002**.Points of control in inflammation.*Nature*.420: 846-52.

Needleman P, Isakson PC.**1997**.A descoberta e a função da COX-2. *J Rheumatol Suppl*. 49:6-8.

Nevalainen TJ, Haapamaki MM, Gronroos JM.**2000**.Roles of secretory phospholipases A2 in inflammatory diseases and trauma. *Biochim Biophys Ata.* 1488:83-90.

Nicosia S, Patrono C. **1989**. Eicosanoid biosynthesis and action: novel opportunities for pharmacological intervention. *FASEB J.* 3:1941-48.

Nishi H, Watanabe T, Sakurai H, Yuki S, Ishibashi A. **1989**.Effect of MCI-186 on brain edema in rats.*Stroke*.20: 1236.

Ohto T, Uozumi N, Hirabayashi T, Shimizu T. **2009**. Identificação de novas fosfolipases A(2)s citosólicas, cPLA(2){delta}, {epsilon} e {zeta} murinas, que formam um grupo de genes com cPLA(2) {beta}. *Cardiovasc Drugs Ther.* 23:49-59.

Ojimelukwe PC, Onweluzo JC, Okechukwu E. **1999**. Effects of infestation on the nutrient content and physiocochemical properties of two cowpea (Vigna unguiculata) varieties.*Plant Foods Hum Nutr.* 53:321-32.

Packer L, Witt EH, Tritschler HJ. **1995**. O ácido alfa-lipóico como antioxidante biológico. *Free Radic Biol Med.* 19: 227.

Park HJ, Kim IT, Won JH, Jeong SH, Park EY, Nam JH, Choi J, Lee KT. **2007**. As actividades anti-inflamatórias do ácido ent-16alphaH,17-hidroxi-kauran-19-oic isolado das raízes de Siegesbeckia pubescens devem-se à inibição da expressão de iNOS e COX-2 em macrófagos RAW 264.7 através da inativação de NF-kappaB. *Eur J Pharmacol.* 558:185-93.

Patriarca P, Beckerdite S, Elsbach P.**1972**.Phospholipases and phospholipid turnover in *Escherichia coli* spheroplasts.*Biochim Biophys Ata.* 260:593-600.

Pereira DM, Faria J, Gaspar L, Valentao P, de Pinho PG, Andrade PB. **2009.** *Boerhaavia diffusa*: perfil de metabólitos de uma planta medicinal de Nyctaginaceae. *Food Chem Toxicol.* 47:2142-49.

Pfeilschifter J, Leighton J, Pignat W, Marki F, Vosbeck K.**1991**. O AMP cíclico imita, mas não medeia, a secreção de fosfolipase A2 estimulada pela interleucina-

1 e pelo fator de necrose tumoral das células mesangiais renais do rato. *Biochem J.* 273(Pt 1):199- 204.

Philip M, Rowley DA, Schreiber H. **2004.**Inflammation as a tumor promoter in cancer induction.*Semin. Cancer Biol.* 14:433-39.

Phillipson JD.**2001**. Phytochemistry and medicinal plants.*Phytochemistry*. 56:237-43.

PhillisJW, Clough-Helfman C. **1990**. Proteção contra a lesão isquémica cerebral em gerbos com o agente de armadilha de spin N-tert-butil-α-fenilnitrona (PBN).*Neurosci.Lett.*116: 315.

Pickard RT, Strifler BA, Kramer RM, Sharp JD.**1999**.Molecular cloning of two new human paralogs of 85-kDa cytosolic phospholipase A2. *J Biol Chem.* 274:8823-31.

Pier-Giorgio Pietta.**2000**. Flavonóides como Antioxidantes. *J. Nat. Prod.* 63:1035.

PitzerJE, Del Zoppo GJ, Schmid-Schonbein GW. **1996**. Neutrophil activation in smokers. *Biorheology* .33:45-58

Prasad.**1948**. Estudos farmacognósticos de Punarnava; caraterísticas do caule e das folhas de Boerhaavia diffusa Linn. e Trianthema Portulacastrum Linn. *J Am Pharm Assoc Am Pharm Assoc*. 37:103-15.

Proud D, Kaplan AP.**1988**. Formação de cininas: mecanismo e papel nas doenças inflamatórias. *Annu Rev Immunol*. 6:49-83.

PruzanskiW, de Beer FC, de Beer MC, Stefanski E, e Vadas P.**1995**. A proteína amiloide sérica A aumenta a atividade da fosfolipase A2 não pancreática secretora. *Biochem J*. 309(Pt 2): 461-464.

Pruzanski W, Vadas P. **1991**. Fosfolipase A2, um mediador entre os efectores proximais e distais da inflamação. *Immunol.Today*.12: 143.

Pruzanski W, Vadas P, Stefanski E, Urowitz MB.**1985**.Phospholipase A2 activity in sera and synovial fluids in rheumatoid arthritis and osteoarthritis.Its possible role as a proinflammatory enzyme.*J Rheumatol*. 12:211-216.

Puijk WC, Verheij HM, De Haas GH. **1977**. A estrutura primária da fosfolipase A_2 do pâncreas porcino, reinvestigação. *Biochim Biophys Ata*. 492:254-59.

Rang HP, Dale MM. **1999**.Inflammation and Allergy.In, *Pharmacology*. 2nd ed. Churchill Livingstone, ELBS, 1999, pp. 243-279.

Rao AM, Hatcher JF, Dempsey RJ. **1999.** Lipid metabolism in ischemic neuronal death. *Recent Res Dev Neurochem*.2: 533.

Rapoport SM, Schewe T. **1986**.The maturational breakdown of mitochondria in reticulocytes.*Biochim.Biophys.Ata*.864: 471.

Raskin JB. **1999**. Efeitos gastrointestinais da terapia anti-inflamatória não esteroide. *Am J Med*. 106:3S-12S.

Reddy AM, Kumar SG, Jyothsnakumari G, Thimmanaik S, Sudhakar C. **2005**. Alterações induzidas pelo chumbo no metabolismo antioxidante do cavalo-grama (Macrotyloma uniflorum (Lam.) Verdc.) e do bengalgrama (Cicer arietinum L.). *Chemosphere*. 60(1):97-104.

Ribardo DA, Peterson JW, Chopra AK.**2002**. Phospholipase A_2 activating protein an important regulatory molecule in modulating cyclooxygenase-2 and tumor necrosis fator production during inflammation.*Indian J Exp Biol*. 40:129-38.

Rice-Evans CA, Miller NJ, Bolwell PG, Bramley PM, Pridham JB.**1997**. As actividades antioxidantes relativas dos flavonóides polifenólicos derivados de plantas. *Free Radic*. 22: 375.

Rice-Evans CA, Nicholas JM, George P.**1996**. Relação entre a estrutura e a atividade antioxidante dos flavonóides e dos ácidos fenólicos. *Biologia e Medicina dos Radicais Livres*.20:933.

Richmond BL, Boileau AC, Zheng S, Huggins KW, Granholm NA, Tso P. **2001**. A digestão compensatória de fosfolípidos é necessária para a absorção de colesterol em ratinhos deficientes em fosfolipase A2 pancreática. *Gastroenterology* .120:1193-202.

Robert RC.**2005.** Inibidores da fosfolipaseA2 secretora do grupo IIA. Química Medicinal Atual 12: 3011.

Robert LJ, Morrow JD. **2001**. Analgésicos-Antitérmicos e Anti-inflamatórios e Fármacos Empregados no tratamento do GOUT. In, *Goodman and Gilman's, The Pharmacological Basis of Therapeutics*. 10th ed. pp. 867-731.

Rocha e Silva M.**1978**.Um breve levantamento da história da inflamação.*Agents Actions*. 8:45-49.

Rosenson RS, Hislop C, McConnell D, Elliott M, Stasiv Y, Wang N, Waters DD, Investigadores do PLASMA. **2009.** Effects of 1-H-indole-3-glyoxamide (A-002) on concentration of secretory phospholipase A2 (PLASMA study): a phase II doubleblind, randomised, placebo-controlled trial. *Lancet*.373:649-58.

Rosenthal MD, Vishwanath BS, Franson RC.**1989**. Efeitos do ácido aristolóquico na atividade da fosfolipase A2 e no metabolismo do araquidonato dos neutrófilos humanos. *Biochim Biophys Ata*. 1001:1-8.

Ross R. **1999**. Aterosclerose - uma doença inflamatória. *N. Engl. J. Med.* 340:11526.

Saavedra G, Zhang W, Peterson B, Cummings BS. **2006**. Diferential roles for cytosolic and microsomal Ca^{2+}- independent phospholipase A2 in cell growth and maintenance of phospholipids. *J Pharmacol Exp Ther*. 318:1211-19.

Sachdev KS, Banerjee SK, Chakravarti RN.**1965.**Exame químico preliminar da casca da raiz de clerodendron serratum (linn) moon.Bull Calcutta Sch Trop Med.13:17-18.

Sakai T, Kogiso M.**2008**.Soy isoflavones and immunity.*J Med Invest*. 55:167-73.

Sala A, Recio MC, Giner RM, Manez S, Rios JL. **2000.** Anti-fosfolipase A2 e atividade anti-inflamatória de *Santolina chamaecyparissus*. Life Sci. 66(2):35-40.

Sam Sik Kang, Ji Yeon Lee, Yoo Keum Choi, Sun Sook Song, Ju Sun Kim, Su Jin Jeon, Yong Nam Han, Kun Ho Son, Byung Hee Han. **2005.** Efeitos neuroprotectores dos biflavonóides naturais.*Bioorganic & Medicinal Chemistry Letters*.15: 3588.

Samuelsson B. **1983a**. From studies of biochemical mechanism to novel biological mediators:prostaglandin endoperoxides, thromboxanes, and leukotrienes. *Palestra Nobel, Biosci Rep*. 3:791-813.

Samuelsson B.**1983b**.Leucotrienos: mediadores de reacções de hipersensibilidade imediata e inflamação. *Science*. 220: 568-75.

Samuelsson B, Dahlen SE, Lindgren JA, Rouzer CA, Serhan CN.**1987**. Leukotrienes and lipoxins: structures, biosynthesis, and biological effects. *Science*. 237:1171-76.

Sanz MJ, Ferrandiz ML, Cejudo M, Terencio MC, Gil B, Bustos G, Ubeda A, Gunasegaran RMJ. **1994**. Influência de uma série de flavonóides naturais nos sistemas geradores de radicais livres e no stress oxidativo. *Xenobiotica*.24: 689.

Schaloske RH, Dennis EA.**2006**.The phospholipase A2 superfamily and its group numbering system.*Biochim Biophys Ata*. 1761:1246-59.

Schmid-Schonbein GW, Takase S, Bergan JJ. **2001**. New advances in the understanding of the pathophysiology of chronic venous insufficiency (Novos avanços na compreensão da fisiopatologia da insuficiência venosa crónica). *Angiology*. 52(Suppl. 1):S27-34.

Schmid-Schonbein GW, Hugli TE. **2005**. A new hypothesis for microvascular inflammation in shock and multiorgan failure: self-digestion by pancreatic enzymes.

Microcirculação. 12:71-82

Scott BC, Aruoma OI, Evans PJ, O'Neill C, Van der Vliet A, Cross CE, Tritschler H, Halliwell B.**1994**.Lipoic and dihydrolipoic acids as antioxidants.A critical evaluation.*Free Radic Res*. 20:119-133.

Seilhamer JJ, Plant S, Pruzanski W, Schilling J, Stefanski E, Vadas P, Johnson LK. **1989**. Multiple forms of phospholipase A2 in arthritic synovial fluid. *J Biochem* (Tóquio). 106:38-42.

Seilhamer JJ, Randall TL, Yamanaka M, Johnson LK. **1986**. Pâncreas fosfolipase A2: isolamento do gene humano e cDNAs do pâncreas porcino e do pulmão humano. *DNA*.5:519-27.

Sevanian A, Kim E. **1985**. Libertação de ácidos gordos de membranas peroxidadas dependente da fosfolipase A2.*Free Radicals Biol. Med.* 1: 263-71.

Seibel J, Molzberger AF, Hertrampf T, Laudenbach-Leschowski U, Diel P. **2009**. O tratamento oral com genisteína reduz a expressão de marcadores moleculares e bioquímicos de inflamação num modelo de rato de colite crónica induzida por TNBS. *Eur J Nutr*. 48:213-20.

Si H, Liu D. **2007**. O fitoquímico genisteína na regulação da função vascular: novas perspectivas. *Curr Med Chem*. 14:2581-89.

Sim WL, Han MY, Huang D.**2009**. Quantificação da capacidade antioxidante num sistema de microemulsão: efeitos sinérgicos do ácido clorogénico com alfa-tocoferol. *J Agric Food Chem*. 57:3409-14.

Singer AJ, Clark RA.**1999**. Cutaneous wound healing. *N Engl J Med*. 341:738-46.

Singh J, Handa G, Rao PR, Atal CK. **1983**. Ácido pangâmico, um princípio de reforço da resistência, anti-stress e anti-hiperlipidémico de Cicer arietinum L. *J Ethnopharmacol* .7:239-42.

Singh N, Jabeen T, Pal A, Sharma S, Perbandt M, Betzel C, Singh TP.**2006**. Estruturas cristalinas dos complexos de uma fosfolipase A2 do grupo IIA com dois agentes anti-inflamatórios naturais, ácido anísico e atropina, revelam um modo de ligação semelhante. *Proteínas*.64:89-100.

Singleton VL, Orthofer R, Lamuela-Raventos RM. **1999**.Análise de fenóis totais e outros substratos oxidativos por meio do reagente Folin-Ciocalteau.*Methods*

*Enzymol.*299: 152.

Six DA, Dennis EA.**2000**.The expanding superfamily of phospholipase A2 enzymes: classification and characterization. *Biochim Biophys Ata.* 1488:1-19.

Smith WL. **1992**. Biossíntese de prostanóides e mecanismos de ação. *Am J Physiol.* 263: 181.

Smith MW, Collan Y, Kahnyg MW, Trump BF. **1980**. Changes in mitochondrial lipids of rat kidney during ischemia. *Biochim Biophys Ata.*618:192-201.

Smith WL, DeWitt DL, Garavito RM. **2000**.Cyclooxygenases: structural, cellular, and molecular biology. *Annu Rev Biochem.* 69:145-82.

Somova LO, Nadar A, Rammanan P, Shode FO.**2003a.**Efeitos cardiovasculares, anti-hiperlipidémicos e antioxidantes dos ácidos oleanólico e ursólico na hipertensão experimental. *Phytomedicine.* 10:115-21.

Somova LI, Shode FO, Ramnanan P, Nadar A. **2003b.**Antihypertensive, antiatherosclerotic and antioxidant activity of triterpenoids isolated from *Olea europaea*, subspecies africana leaves. *J. Ethnopharmacol.* 84:299-305.

Song C, Chang XJ, Bean KM, Proia MS, Knopf JL, Kriz RW.**1999**.Caracterização molecular da fosfolipase A2-beta citosólica. *J Biol Chem.* 274:17063-67.

Springer DM.**2001**.An update of inhibitors of human 14 kDa type II s-PLA2 in development.*Current pharmaceutical design.*7:181-98.

Stafforini DM, McIntyre TM, Zimmerman GA, Prescott SM.**2003**.Platelet-activating fator, a pleiotrophic mediator of physiological and pathological processes.*Crit Rev Clin Lab Sci.* 40: 643-72.

Stefanski E, Pruzanski W, Sternby B, Vadas P.**1986**. Purificação de uma fosfolipase A2 solúvel do líquido sinovial na artrite reumatoide.*J. Biochem.* 100:12971303.

Steinberg D, Witztum JL.**1990**. Lipoproteínas e aterogénese. Conceitos actuais. *JAMA.* 264:3047-52.

Stephens WW, Walker JL, Myers W. **1988**. The action of cobra poison on the blood: a contribution to the study of passive immunity. *J Pathol Bacteriol*. 5: 279-301.

Sturmer T, Brenner H, Koenig W, Gunther KP. **2004**. Severidade e extensão da osteoartrite e inflamação sistémica de baixo grau avaliadas pela proteína c reactiva de alta sensibilidade. *Ann. Rheum. Dis.* 63:200-05.

Suematsu M, Suzuki H, Delano FA, Schmid-Schonbein GW.**2002**. O aspeto inflamatório da microcirculação na hipertensão: stress oxidativo, interação leucócitos/endotelial, apoptose. *Microcirculation*. 9: 259-76.

Suzuki N, Ishizaki J, Yokota Y, Higashino K, Ono T, Ikeda M, Fujii N, Kawamoto K, Hanasaki K.**2000**.Estruturas, propriedades enzimáticas e expressão de novas fosfolipases A2s secretoras humanas e de ratinho.*J Biol Chem*. 275: 5785-93.

Taketo MM, Sonoshita M. **2002**. Phospolipase A2 and apoptosis.*Biochim Biophys Ata*.1585:72-76.

Tapiero H, Ba GN, Couvreur P, Tew KD.**2002**.Polyunsaturated fatty acids (PUFA) and eicosanoids in human health and pathologies. Biomed Pharmacother. 56:215-22.

Tatulian SA. **2003**. Os efeitos estruturais da inibição covalente da fosfolipase A2 sugerem um acoplamento alostérico entre a ligação à membrana e os locais catalíticos. *Biophys J* 84:1773-83.

Thomas M, Leelamma S, Kurup PA. **1983**.Effect of blackgram fiber (Phaseolus mungo) on hepatic hydroxymethylglutaryl-CoA reductase activity, cholesterogenesis and cholesterol degradation in rats. *J Nutr*. 113:1104-08.

Thomazzi SM, Silva CB, Silveira DC, Vasconcellos CL, Lira AF, Cambui EV, Estevam CS, Antoniolli AR.**2009**.Antinociceptive and anti-inflammatory activities of Bowdichia virgilioides (sucupira).*J Ethnopharmacol*.[PMID: 19837149].

Thunnissen MM, Ab E, Kalk KH, Drenth J, Dijkstra BW, Kuipers OP, Dijkman

R, de Haas GH e Verheij HM.**1990**. Estrutura de raios X da fosfolipase A2 complexada com um inibidor derivado do substrato. *Nature*. 347:689-91.

Thwin MM, Satyanarayanajois SD, Nagarajarao LM, Sato K, Arjunan P, Ramapatna SL, Kumar PV, Gopalakrishnakone P. **2007**. Novos inibidores peptídicos da fosfolipase A2 secretora humana com atividade anti-inflamatória: estrutura da solução e modelação molecular.*J Med Chem*. 50:5938-50.

Thwin MM, Douni E, Arjunan P, Kollias G, Kumar PV, Gopalakrishnakone P.**2009.**Efeito supressor do péptido inibidor da fosfolipase A2 secretora na produção de metaloproteinase de matriz induzida pela interleucina-1beta em fibroblastos sinoviais reumatóides e a sua atividade antiartrítica em ratos hTNFtg.*Arthritis Res Ther*.11:R138.

Ticli FK, Hage LI, Cambraia RS, Pereira PS, Magro AJ, Fontes MR, Stabeli RG, Giglio JR, Franca SC, Soares AM, Sampaio SV.**2005**. Ácido rosmarínico, um novo inibidor da fosfolipase A2 de veneno de cobra de *Cordia verbenacea* (Boraginaceae): potencialização da ação do antissoro e interação molecular. *Toxicon*. 46: 318-27.

Tjoelker LW, Eberhardt C, Unger J, Trong HL, Zimmerman GA, McIntyre TM.**1995a.** A acetil-hidrolase do fator ativador de plaquetas do plasma é uma fosfolipase A2 segregada com uma tríade catalítica. *J Biol Chem*. 270: 25481-87.

Tjoelker LW, Wilder C, Eberhardt C, Stafforini DM, Dietsch G, Schimpf B. **1995b**. Propriedades anti-inflamatórias de uma acetil-hidrolase do fator de ativação plaquetária.*Nature*. 374:549-53.

Toker S, Shirom A, Shapira I, Berliner S, Melamed S. **2005**. The association between burnout, depression, anxiety, and inflammation biomarkers: c-reactive protein and fibrinogen in men and women. *J. Occup. Health Psychol*.10:344-62

Touqui L, Alaoui-El-Azher M.**2001**.Mammalian secreted phospholipases A2 and their pathophysiological significance in inflammatory diseases. *Curr Mol Med*. 1:739-54.

Touqui L, Arbibe L.**1999**.A role for phospholipase A_2 in ARDS pathogenesis.*Mol Med Today*. 5: 244-49.

Tramposch KM, Chilton FH, Stanley PL, Franson RC, Havens MB, Nettleton DO, Davern LB, Darling IM, Bonney RJ. **1994**. O inibidor da fosfolipase A_2 bloqueia a biossíntese de eicosanóides e do fator de ativação plaquetária e tem atividade anti-inflamatória tópica. *JPharmacol Exp Ther*. 271: 852-59.

Triggiani M, Granata F, Giannattasio G, Marone G.**2005**. Fosfolipases A_2 secretoras em doenças inflamatórias e alérgicas: não apenas enzimas. *J Allergy Clin Immunol*. 116:1000-06.

Trowbridge HO, Emling RC.**1997**. Robins pathology book, Inflammation, a review of the process, 5th ed, Chicago, Quyintessence.

Tsujii S, Rinehart KL, Gunasekara SP, Kashman Y, Cross SS, Lui MS, Pomponi SA, Diaz MC. **1988**. Topsentina, Bromotopsentina e dihidrodeoxibromotopsentina: Bis(indoil) imidazóis antivirais e antitumorais de esponjas do mar das Caraíbas da família Halichondriidae. Estudos estruturais e sintéticos.*J. Org. Chem*. 53: 5446.

Tzeng SH, Ko WC, Ko FN, Teng CM. **1991**.Inibição da agregação plaquetária por alguns flavonóides.*Thromb Res*. 64: 91.

Uchida K, Shiraishi M, Naito Y, Torii Y, Nakamura Osawa T. **1999**.Ativação de vias de sinalização de stress pelo produto final da peroxidação lipídica. 4-Hydroxy-2 nonenal é um potencial indutor da produção de peróxido intracelular. *J Biol Chem*. 274: 2234.

Underwood KW, Song C, Kriz RW, Chang XJ, Knopf JL, Lin LL.**1998**. Uma nova fosfolipase A_2 independente de cálcio, cPLA2-gama, que é prenilada e contém homologia à cPLA2. *J Biol Chem*. 273: 21926-32.

Valentin E e Lambeau G.**2000**.What can venom phospholipases A_2 tell us about the functional diversity of mammalian secreted phospholipases A_2?.*Biochimie*. 82: 81531.

Valsecchi A. E., Franchi, S., Panerai, A. E., Sacerdote, P., Trovato, A. E. eColleoni, M. **2008**.Genistein, um fitoestrogénio natural da soja, alivia a dor neuropática após lesão crónica do nervo ciático por constrição em ratos: atividade anti-inflamatória e antioxidante. *Journal of neurochemistry*.107: 230-40.

Vane JR, Botting RM.**1998**.Anti-inflamatórios e o seu mecanismo de ação.*Inflamm Res*. 2:S78-87.

VenyaminovSY, Yang JT.**1996**. Determinação da estrutura secundária de proteínas. In: G. D. Fasman (ed). Circular dichroism and the conformational analysis of biomolecules, Plenum Press, Ney York, p 69.

Velikova V.**2004.** O isopreno endógeno protege as folhas de Phragmites australis contra o oxigénio singlete. *Physiol Plant*. 122: 219.

Verheij HM, Slotboom AJ, de Haas GH.**1981**.Structure and function of phospholipase A2. *Rev Physiol Biochem Pharmacol*. 91:91-203.

Vidya SM, Krishna V, Manjunatha BK, Mankani KL, Ahmed M, Singh SD.**2007**.Avaliação da atividade hepatoprotectora de Clerodendrum serratum L. *Indian J Exp Biol*. 45:538-42.

Vikas Chandra, Jayasankar Jasti, Punit Kaur, Ch. Betzel, Srinivasan, A., Singh TP. **2002**. Primeira evidência estrutural de uma inibição específica da Fosfolipase A_2 pelo α-Tocoferol (Vitamina E) e suas implicações na inflamação: Crystal structure of the Complex Formed Between Phospholipase A_2 and α-Tocopherol at 1.8 A Resolution. *J Mol Biol*. 320: 215.

Vishwanath BS, Appu Rao AG, Gowda TV.**1987b**.Interação da fosfolipase A2 do veneno *de Vipera russelli* com o ácido aristolóquico: um estudo de dicroísmo circular. *Toxicon*. 25:939-46.

Vishwanath BS, Frey FJ, Bradbury MJ, Dallman MF, Frey BM.**1993**.A deficiência de glucocorticóides aumenta a atividade da fosfolipase A2 em ratos. *J Clin Invest*. 92:1974-80.

Vishwanath BS, Gowda TV.**1987a**.Interação do ácido aristolóquico com a fosfolipase A2 de *Vipera russelli*: o seu efeito nas actividades enzimáticas e patológicas. *Toxicon.*25:929-37.

Vishwanath BS, Kini RM, Gowda TV.**1987**. Caracterização de três enzimas fosfolipase A2 indutoras de edema do veneno de habu (*Trimeresurus flavovoridis*) e sua interação com o alcaloide ácido aristolóquico. *Toxicon*. 25:501-15.

Wang TC, Goldenring JR, Dangler C, Ito S, Mueller A, Jeon WK, Koh TJ, Fox JG.**1998**. Os ratinhos com falta de fosfolipase A2 secretora apresentam apoptose e diferenciação alteradas na infeção por Helicobacter felis. *Gastroenterology*. 114:675-89.

Watanabe T, Egawa M. **1994**. Efeitos de um agente anti-acidente vascular cerebral MCI-186 na cascata de araquidonato cerebral. *J. Pharmac. Exp. Ther*. 271: 1624.

Waxman K. **1996**. Shock: ischemia, reperfusion, and inflammation (Choque: isquemia, reperfusão e inflamação). *New* Horiz.4:153- 60

Weng JR, Lin CN, Tsao LT, Wang JP. **2003**. Terpenoides com um novo esqueleto e novos triterpenoides com efeitos anti-inflamatórios de Garcinia subelliptica. *Química* .9:5520-27.

Wylie BL, Grace K, Jacobs RS.**1995**. Produtos naturais marinhos alcalóides bis-indole como novos agentes anti-inflamatórios. *FASEB J*. 9: A955.

Wylie BL, Ernst NB, Grace KJ, Jacobs RS.**1997**. Produtos naturais marinhos como inibidores da fosfolipase A2.In: Progress in Surgery, Eds. W. Uhl, T.J. Nevalainen, e M.W. Büchler. Basel, Karger. 24:146-52.

Yamaguchi T, Horio F, Hashizume T, Tanaka M, Ikada S, Kakinuma A, Nakajima H.**1995**. A bilirrubina é oxidada em ratos tratados com endotoxina e actua como um antioxidante fisiológico em sinergia com o ácido ascórbico in vivo. *Biochem Biophys Res Commun*.214:11.

Yamaguchi T, Terakado M, Horio F, Aoki K, Tanaka M, Nakajima H. **1996**.Role of bilirubin as an antioxidant in an ischemia-reperfusion of rat liver and induction of heme oxygenase.*Biochem Biophys Res Commun*.223: 129.

Yang CC.**1996**.Estrutura e função da neurotoxina da cobra.*Adv Exp MedBiol*.391:85- 96.

Yin MC, Chan KC. **2007**. Efeitos antioxidativos e antiglicantes não enzimáticos do ácido oleanólico e do ácido ursólico.*J Agric Food Chem*. 55:7177-81.

Yokota S, Oda T, Fahimi HD.**2001**. O papel da 15-lipoxigenase na rutura da membrana peroxissomal e na degradação programada dos peroxissomas em fígado normal de rato.*J Histochem Cytochem*. 49: 613-22.

Yoon JH, Baek SJ.**2005**. Alvos moleculares de polifenóis dietéticos com propriedades anti-inflamatórias. *Yonsei Med J*. 46: 585-96.

Zakaria ZA, Sulaiman MR, Morsid NA, Aris A, Zainal H, Pojan NH, Kumar GH.**2009**. Efeitos antinociceptivos, anti-inflamatórios e antipiréticos do extrato aquoso de Solanum nigrum em modelos animais. *Métodos de pesquisa Exp Clin Pharmacol*. 31:8188.

Zern TL, Fernandez ML. **2005**. Cardioprotective effects of dietary polyphenols. *J Nutr*. 135:2291-94.

Zhao M, Brunk UT, Eaton JW.**2001**.Delayed oxidant-induced cell death involves activation of phospholipase A2.*FEBS Lett*.509:399-404.

MIX
Papier aus verantwortungsvollen Quellen
Paper from responsible sources
FSC® C105338

Printed by Books on Demand GmbH, Norderstedt / Germany